RAPPORT

DE

M. LEFOULON.

1856

15794

NANTES, IMPRIMERIE DE Mᵐᵉ VEUVE CAMILLE MELLINET.

RAPPORT

DE

M. LEFOULON.

Nous soussigné ALEXANDRE LEFOULON, arbitre de commerce, demeurant à Nantes, expert nommé en vertu d'un jugement du Tribunal civil de Nantes, en date du 29 novembre 1853, enregistré, rendu contradictoirement entre M. WILLIAM ARNOUS-RIVIÈRE, propriétaire, demeurant à Nantes, rue Félix, agissant en qualité de liquidateur de la *Société civile des Docks et Bassins du port de Nantes*,

Demandeur, d'une part ;

ET PREMIÈREMENT :

1° M. GRÉGOIRE BORDILLON, propriétaire, demeurant à Angers ;

2° M. VOISIN, propriétaire, demeurant à Angers;

3° M. G. DE BAER, propriétaire, demeurant à Angers;

4° M. BOQUET DE LA TOUCHE, propriétaire, demeurant à Angers;

5° M. DELALANDE, arbitre de commerce, demeurant à Angers;

En sa qualité de syndic de la faillite du sieur Théodore Bordillon, tous *défendeurs;*

Deuxièmement :

MM. Pacifique FOURCADE et G. BENOIST, arbitres de commerce, demeurant séparément à Nantes;

Agissant en leurs qualités de liquidateurs de la cession de biens Carié, *défendeurs;*

Troisièmement :

1° M. Joseph CHALEY, ancien ingénieur civil, demeurant à sa terre de Rosières, près Bourgoing (Isère);

Agissant tant en privé nom que comme actionnaire de l'ancienne Société dissoute des Docks et Bassins, *défendeur;*

2° M. Vincent TAILLET, ingénieur civil, demeurant à Bruxelles, *défendeur;*

Quatrièmement :

M. Anatole DEMIEULLE, propriétaire, demeurant à Angers, *défendeur.*

Ledit jugement confirmé par arrêt de la Cour impériale de Rennes, le 11 juillet 1854.

Après avoir prêté, le 26 janvier 1855, aux termes du jugement, le serment prescrit par la loi, devant M. Demangeat, juge commis à cet effet, déclarons avoir procédé comme suit à la mission qui nous a été confiée.

Dès le 16 janvier 1855, le jugement sus-relaté nous avait été notifié avec l'ordonnance de M. Demangeat, en date du 10 du même mois, qui fixait le jour et l'heure où le serment devait être reçu.

Le 27 janvier 1855, M. Arnous-Rivière avait sommé les avoués des parties à se trouver et faire trouver les parties, si bon leur semblait, devant nous, le 2 février suivant, pour assister à l'ouverture du procès-verbal, faute de quoi il serait passé outre et procédé tant en absence qu'en présence.

Ce jour-là, les avoués nous ont remis leurs pièces, mais les parties ne se sont pas présentées.

C'est de ce moment que nous avons commencé notre opération et l'étude des dossiers de l'affaire.

Pour nous rendre bien compte du travail qui nous était demandé, nous avons dû prendre connaissance de toutes les pièces qui nous ont été remises, les lire avec soin, et prendre des notes sur toutes celles qui nous ont paru avoir de l'importance. Cette étude a été d'autant plus longue, que ce n'est qu'après avoir terminé l'examen de tous les documents, que nous avons pu relire avec fruit ceux qui méritent le plus d'attention.

Puis, nous avons entendu les parties que nous avons convoquées séparément à notre cabinet.

Pour celles qui habitent hors Nantes, nous avons écrit aux avoués, en les priant de faire savoir à leurs clients que nous étions prêt à les entendre et à recevoir leurs observations ou les explications qu'ils pourraient avoir à nous donner. Nous avons ainsi entendu à diverses reprises M. Arnous-Rivière, M. Pacifique Fourcade, M. G. Bordillon, M. de la Touche et M. Théodore Bordillon.

Sur notre demande, M. G. Bordillon nous a déclaré qu'il se présentait pour lui et pour celles des parties qui, par suite d'absence, ne pouvaient pas comparaître.

Après avoir entendu les parties, reçu leurs explications et leurs observations, et leur avoir demandé nous-même les éclaircissements dont nous avions besoin, nous leur avons déclaré être prêt, jusqu'à la clôture de notre rapport, à les recevoir et les entendre de nouveau.

C'est après ces préliminaires que nous avons cru devoir résumer comme suit les principaux faits de la cause :

M. Chaley et M. Théodore Bordillon étaient propriétaires de divers terrains dépendant de la prairie au Duc, dont la contenance totale était de 13 hectares 21 ares 11 centiares. Ils avaient l'intention d'établir sur ces terrains des Docks et Bassins.

Ils proposèrent à M. Arnous-Rivière et à M. Carié de s'associer à eux pour mettre à fin les travaux projetés. Les parties s'étant entendues sur les travaux à exécuter et sur les conditions qui régiraient leur association, formèrent, les 25 et 27 mai 1842, un acte de Société.

Cette Société était une Société civile, sous la dénomination des Docks et Bassins du port de Nantes; son objet était la mise en valeur industrielle des terrains, leur location et leur revente successive, selon les besoins du commerce; sa durée était de dix années.

M. Chaley et M. Bordillon apportaient en Société la propriété et la jouissance des terrains, avec les bénéfices et les charges qui y étaient attachés.

L'apport de la part de M. Carié et de M. Arnous-Rivière consistait dans leur obligation solidaire de consacrer l'un et l'autre tout le temps nécessaire à la bonne direction, à la gestion et à l'administration de la Société dans le but proposé, ainsi que dans l'obligation solidaire de fournir ou procurer à la Société les capitaux nécessaires à la mise en valeur de la propriété sociale, au fur et à mesure des besoins, et notamment de ceux destinés à faire face aux travaux prévus par les plans et devis et dont la dépense s'élevait à 150,000 fr.

Il était reconnu que les terrains et accessoires de MM. Chaley et Bordillon composant leur apport, demeuraient grevés pour la Société de :

1° 130,000 fr. déclarés restés dus aux vendeurs ou à divers prêteurs dont il était donné connaissance à MM. Carié et Arnous-Rivière, qui le reconnaissaient.

2° 50,000 fr. qui étaient dus à forfait à MM. Chaley et Bordillon, pour remboursement de leurs avances, jusqu'au 15 mai 1842; ensemble, 180,000 fr.

Les pouvoirs les plus étendus étaient conférés aux administrateurs à l'effet d'obliger la Société, de gérer, aliéner, faire tous traités avec l'État ou les tiers, emprunter et régler les conditions des prêts, crédits, comptes courants à la Société, avec la faculté d'engager et hypothéquer les immeubles sociaux et d'émettre toutes valeurs de crédit de quelque nature et dénomination qu'ils aviseraient bon être, jusqu'à concurrence de 300,000 fr., au moyen de quoi MM. Carié et Arnous-Rivière demeuraient chargés, conjointement et solidairement, de pourvoir à tous les besoins de la Société ; ils restaient du reste seuls juges de l'opportunité et des moyens de crédit à employer.

MM. Chaley et Bordillon s'obligeaient, en qualité d'entrepreneurs, envers la Société, de faire achever tous les travaux d'art, de terrassements, de dragage, de nivellement et empierrement, de clôture; tel que le tout était prévu aux plans et devis, moyennant une somme à forfait de 150,000 fr.

Les travaux devaient être terminés le 24 juin 1844, et les deux tiers au moins le 24 juin 1843.

Avant toute répartition à faire par la Société, il devait être pourvu par elle au remboursement des charges ci-après et dans l'ordre indiqué : en première ligne, des 150,000 fr. des travaux de mise en valeur; en deuxième ligne, des 130,000 fr., solde reconnu en capital du prix d'acquisition des terrains; en troisième ligne, des 50,000 fr. avancés par MM. Chaley et Bordillon,

tant en travaux qu'en acompte sur le prix d'acquisition des terrains ; soit, en total, 330,000 fr.

Il devait être pourvu au service des intérêts de cette dernière
somme ainsi qu'à l'acquit des frais généraux de l'administration,
tout d'abord sur le produit des locations et fermages des tarifs
sur les Docks et Bassins, et généralement sur les produits et revenus de toute nature. Après l'extinction des charges sociales,
les bénéfices devaient être répartis, un quart à M. Carié, un quart
à M. Arnous-Rivière, la moitié à MM. Chaley et Bordillon. La
contribution aux charges et pertes sociales devait avoir lieu dans
la même proportion ; cependant, MM. Chaley et Bordillon ne pouvaient, dans aucun cas, être engagés vis-à-vis des tiers et de la
Société, au-delà des 50,000 fr., montant de leurs avances.

Les administrateurs devaient prélever pour frais de gestion et
d'administration 1 % sur le montant de toutes les recettes et
dépenses de la Société ; ils étaient responsables des fonds qu'ils
avaient en caisse et devaient tenir un compte courant avec la
Société, en la faisant bénéficier de l'intérêt à 4 % des sommes
encaissées.

MM. Chaley et Bordillon, ainsi que les administrateurs, avaient
le droit de verser suivant les besoins de la caisse sociale, telle
somme qui leur conviendrait à l'intérêt de 6 %.

Le 15 février de chaque année, les administrateurs devaient
tenir, au siége de la Société, les livres et pièces comptables de
l'année et leur compte résumé dans un rapport, à la disposition
des associés, qui pouvaient, jusqu'au jour de l'assemblée annuelle,
en prendre connaissance et procéder à leur examen, sans dé-
placement. L'assemblée annuelle avait lieu au siége de la Société,
dans les quinze premiers jours de mars ; les comptes de l'exercice
précédent y étaient présentés pour être clos et définitivement
arrêtés. Le droit de chaque associé à la critique des comptes de
l'exercice expiré était prescrit trois mois après leur reddition,
sans avoir fait de réserve et suivi le redressement.

Telle était l'économie des conventions au moment où la Société a commencé à fonctionner.

Le 15 mars 1843 se tient la première assemblée générale annuelle. Il est fait un rapport qui expose la situation sociale, les comptes, livres, registres et pièces à l'appui. Il est décidé que ce rapport sera transcrit sur les registres, ainsi que les comptes qui seront vérifiés par MM. Chaley et Bordillon pour, dans la huitaine, être approuvés ou contestés par eux ; leur silence après ce délai devant être considéré comme leur adhésion pure et simple auxdits comptes. Au sujet de ces comptes, M. Théodore Bordillon représente que les intérêts de son apport social n'y figurent pas. M. Chaley se range de son avis, et ils prétendent tous deux que ces intérêts sont une charge sociale.

Cette prétention est rejetée par les Administrateurs, et la question est renvoyée à M. Besnard de la Giraudais, qui est appelé à donner son avis comme arbitre et juge souverain.

Il est décidé que les Administrateurs auront les pouvoirs les plus étendus au sujet du prix des ventes, et celles qui ont été faites jusqu'à ce jour sont également approuvées à l'unanimité.

Suivent le rapport où se trouve exposée la situation de la Compagnie, ainsi que le compte et la balance, donnant tant au débit qu'au crédit : 534,247 fr. 55 c. M. Arnous-Rivière est créditeur à cette balance de *cent trente-cinq mille deux cent cinquante-huit francs onze centimes.*

Les opérations de la Société continuent, et, le 8 mai 1843, il intervient des conclusions nouvelles, les pouvoirs donnés aux administrateurs sont maintenus, ils ont de plus ceux de toucher le prix de vente et les intérêts, en donner quittance avec ou sans subrogation, céder et transporter tout ou partie de ces prix, à la condition qu'ils seront employés tout d'abord à l'acquit des charges sociales.

Les valeurs sociales devaient désormais être représentées par 400 actions de 4,000 fr. chacune pour les terrains, et 100 actions de 1,000 fr. chacune pour les bassins, attribuées par quart à M. Carié, à M. Arnous-Rivière, à M. Théodore Bordillon et à M. Chaley.

Toutes ces actions étaient nominatives et transmissibles par voie de transfert.

Chaque action donnait droit à une part proportionnelle dans l'actif de la Société, et supportait les charges sociales présentes et futures dans la même proportion. Les actions devaient demeurer à la souche, et ne pouvaient être délivrées à leurs titulaires qu'après l'entière libération des charges sociales, et il était interdit aux administrateurs d'en détacher aucune avant cette libération.

Le 24 mai 1843, M. Arnous-Rivière et M. Carié signaient un traité par lequel ils déclaraient se charger désormais, sans frais pour la Société des Docks et Bassins, de l'acquit de la somme de 130,000 fr., montant des créances Fonteneau, Blanchard et Fontenilliat, mises à la charge de la Société par l'acte constitutif et sans novation ni dérogation à l'acte, autre que celle ci-dessus.

Le 22 janvier 1844, il intervient encore un nouvel acte dans lequel comparaissent M. Théodore Bordillon, M. J. Chaley, M. Arnous-Rivière, M. Carié, M. G. Bordillon et M. Taillet; tous, dit l'acte, et seuls intéressés dans la Société. On autorise les gérants à délivrer à chacun des sociétaires dans la proportion de son intérêt, les actions représentatives des valeurs sociales quoiqu'elles fussent encore grevées de la presque totalité des charges sociales, les comparants consentant à ce moyen que l'article 4 de la loi du 8 mai 1843 fût considéré comme nul et non avenu, et déchargeant ainsi les gérants de toute responsabilité à cet égard. Les émoluments de la gérance, fixés par l'article 7 de l'acte des 25 et 27 mai 1842, à 1 %, étaient élevés à 4 %, dans les limites et pour les causes articulées audit acte.

Le 24 mai 1843, il y avait eu une assemblée générale dans laquelle on avait proposé et accepté l'admission comme intéressés dans la Société, de M. G. Bordillon et de M. Taillet, par suite des cessions qui leur avaient été faites par M. Th. Bordillon et par M. Chaley. Celui-ci avait demandé que M. Taillet, son gendre, lui fût substitué comme entrepreneur des travaux, ce qui avait été également accepté. Il était reconnu qu'il avait été versé aux entrepreneurs 20,000 fr. de plus que ne le comportait l'avancement des travaux, et les Administrateurs étaient invités à faire rétablir l'équilibre.

La vente faite à Lotz, dont il était donné connaissance avec toutes les circonstances qui l'accompagnaient, était approuvée, et le contrat de vente était copié *in extenso*, sur le registre des délibérations.

Dans une assemblée extraordinaire du 22 novembre 1843, les Administrateurs avaient exposé que la situation des travaux de la Compagnie était déplorable, ce qui compromettait ses intérêts et son crédit; que les entrepreneurs (MM. Th. Bordillon et Chaley, et depuis le 24 mai, M. Taillet) n'avaient pas conduit les travaux avec l'activité nécessaire ; que les deux tiers de ces travaux auraient dû être faits le 24 juin précédent, et ne l'étaient pas encore, bien qu'il eût été compté une somme de 98,490 fr. 98 c., et que les entrepreneurs eussent été mis en demeure. Ils ajoutaient qu'un état complet des travaux restant à exécuter avait été demandé à M. Soudée, et ils soumettaient à l'assemblée la question de savoir si les entrepreneurs seraient mis judiciairement en demeure d'exécuter leurs obligations. L'assemblée, sans avoir pris connaissance du travail de M. Soudée, déposé sur le bureau, adoptait l'affirmative.

Dans l'assemblée extraordinaire du 22 janvier 1844, les Administrateurs exposent qu'ils ont commencé les poursuites convenues contre les entrepreneurs, mais que des propositions de transaction ont été faites et acceptées. Le traité passé à cet effet est approuvé par l'assemblée. Les ressources sont reconnues insuffisantes et les sociétaires conviennent de contribuer. Le travail à faire, d'après les devis de M. Soudée, devait s'élever à 224,839 fr. 17 c.; sans rien préjuger de l'avenir, on convient que la Compagnie tentera de le faire exécuter pour 150,000 fr. M. Taillet et M. Th. Bordillon sont de nouveau adjudicataires des travaux. Ils doivent contribuer pour les deux tiers dans les sommes dépensées au-delà de 150,000 fr., et que l'assemblée estime à 100,000 fr., pour la part incombant à M. Th. Bordillon dans ces deux tiers; M. V. Taillet, comme liquidateur de la Société Th. Bordillon, V. Taillet et Cie, vend à réméré à la Société un matériel d'exploitation.

Le 15 mars 1844 a lieu l'assemblée annuelle; les Administrateurs déposent sur le bureau leur rapport sur la situation sociale, ainsi que l'état financier de la Compagnie, pièces et livres à l'appui. Une Commission de deux membres, M. Chaley et M. Th. Bordillon, est nommée pour l'examen des comptes. Les comptes précédents ne sont pas critiqués. On vote diverses dépenses, entre autres celle de la maison de la rue Deshoulières, auxquelles les sociétaires doivent contribuer.

Les 30 et 31 mai 1844 se tient une assemblée extraordinaire dans laquelle on vote divers travaux de défense ou perrés sur les terrains de la Compagnie, depuis la passerelle tournante des chantiers de construction, jusqu'au pont projeté de la rue du Milieu. Ce sont les travaux qui depuis ont été exécutés par M. Perraudeau. Il était décidé que ces travaux seraient payés par les sociétaires, au moyen d'un appel de fonds exigible un mois après l'avertissement qui en serait donné par les Administrateurs.

Le 17 juillet 1844, dans une nouvelle assemblée extraordinaire, les Administrateurs exposent encore que les travaux adjugés à M. Th. Bordillon, le 22 janvier précédent, ne sont pas arrivés à l'état d'avancement désirable; qu'il y a même impossibilité qu'ils soient terminés dans les délais stipulés.

En présence de cette situation préjudiciable aux intérêts sociaux, il est arrêté que les Administrateurs devront, sans retard, s'occuper de trouver un entrepreneur à leur choix pour l'exécution des travaux d'art dont l'utilité a été reconnue par la Compagnie, dans la précédente assemblée. Les assemblées extraordinaires des 14 août et 23 septembre 1844 n'ont pour but que d'examiner les modifications à apporter aux premiers projets des travaux d'art et de terrassements; de nouveaux pouvoirs sont donnés aux Administrateurs pour leur exécution.

Celle du 4 novembre 1844 n'a lieu que pour examiner la question de savoir s'il y a lieu à prononcer la déchéance de M. Th. Bordillon, comme entrepreneur des travaux, aux termes de l'article 4 de la transaction du 22 janvier. On tarde à statuer jusqu'à la solution de l'arbitrage pendant.

Le 15 mars 1845 se tient l'assemblée générale annuelle; les Administrateurs lisent et déposent leur rapport sur la situation de la Société. Ils remettent aussi le compte financier, avec les livres, pièces et comptes à l'appui. M. Th. Bordillon a cessé d'être entrepreneur, et une sentence arbitrale a été rendue à son sujet par MM. Jégou, Damourette et Brindejonc. Tous ces retards, dit le rapport, ont eu des conséquences funestes pour la Société. Un traité d'épuisement a été passé avec M. Gâche.

Ce rapport reçoit l'approbation de l'assemblée, et MM. Damourette et G. Bordillon sont désignés pour vérifier les comptes. Il est arrêté que cette vérification se fera dans les délais voulus par l'acte social.

C'est quelques jours après cette délibération, qu'est survenue la suspension de paiements de l'un des Administrateurs, M. Carié;

on voit, dans le mois d'avril suivant, des assemblées extraordinaires, les 4, 8, 16, 18 et 28.

M. Carié donne sa démission d'Administrateur ; on voudrait
ne pas l'accepter. On arrête que, provisoirement, M. Arnous-
Rivière sera seul Administrateur, et on lui donne tout pouvoir
à cet effet. De nouvelles Commissions sont nommées pour l'examen des comptes que l'on discute. M. Arnous-Rivière maintient
que ces comptes ont été approuvés jusqu'au 15 mars 1844, mais
on proteste contre cette prétention.

D'après le registre des délibérations, c'est la première fois que
les comptes paraissent sérieusement contestés.

Nous n'analyserons pas le reste des délibérations, parce que, à
partir de ce moment, les discussions commencent, et que ces délibérations n'offriraient pas, comme les précédentes, le caractère
de faits incontestables.

Dans l'assemblée du 14 juillet 1846, on décide enfin qu'il y a
lieu de régler les comptes de MM. W. Arnous-Rivière et Carié.

En conséquence, ces comptes sont renvoyés devant M. P.
Fourcade et M. Baron, auxquels fut adjoint plus tard M. Maugars.

Les arbitres ont rendu leur sentence le 23 avril 1847, mais
il n'en a été retiré expédition que le 2 juillet 1850, et ce n'est
que le 30 du même mois qu'elle a été motifiée.

En voici le dispositif :

DÉCIDONS.

En premier lieu.

« Que la prescription invoquée par M. Arnous-Rivière n'est
pas fondée et que les comptes de 1843 et 1844 seront refaits,
ainsi que ceux des années suivantes.

En deuxième lieu.

» Que MM. Arnous-Rivière et Carié se sont mis, par le traité
verbal du 24 mai 1843, aux lieu et place de MM. Chaley et Bordillon, et ont pris l'engagement personnel de payer en leur ac-

quit la somme de 130,000 fr. que ceux-ci devaient pour solde du prix des terrains par eux achetés et apportés dans la Société.

En troisième lieu.

» Que le paiement de cette somme reste à la charge personnelle de MM. Arnous-Rivière et Carié, et non pas à celle de la Société.

En quatrième lieu.

» Que ces Messieurs doivent libérer tant MM. Bordillon et Chaley que la Société de toutes poursuites qui pourraient être exercées par les tiers qui leur ont prêté une partie de ladite somme de 130,000 fr., soit en remboursant à ces tiers ce qui leur reste encore dû, soit en procurant de la part de ces derniers à MM. Bordillon et Chaley et à la Société une décharge complète et définitive.

En cinquième lieu.

NUMÉROS PREMIER ET DEUXIÈME.

» Que le paiement des intérêts, des apports sociaux et des Commissions dues à MM. Arnous-Rivière et Carié, ne devra être effectué qu'après le prélèvement de ces apports, s'élevant à la somme de 330,000 fr.

NUMÉRO TROISIÈME.

» Que le prélèvement de ces apports étant opéré, les Commissions seront ensuite payées au taux déterminé.

NUMÉRO QUATRIÈME.

» Enfin, que tous les intérêts, soit des 150,000 fr., soit des 130,000 fr., soit des 50,000 fr., seront réunis en masse sans aucune distinction ni ordre de privilége, pour être payés sur ce qui restera après le prélèvement des apports sociaux.

En sixième lieu.

» Que les appointements et frais des commis employés par

MM. les Administrateurs seront soldés par eux, sans aucun recours contre la Société.

En septième lieu.

» Que les droits d'enregistrement de l'acte social, plus les frais auxquels ils ont donné lieu, seront une dette commune qui sera supportée par la Société, et non par MM. les Administrateurs personnellement.

En huitième lieu.

» Que les frais de voyage de M. Arnous-Rivière à Paris, montant à 540 fr. 15 c., seront supportés par la Société, sous l'obligation à lui imposée de justifier de l'emploi, au profit de la Société, du surplus formant le chiffre de 2,197 fr. 30 c.

En neuvième lieu.

» Que les Administrateurs ont eu le droit de prélever sur le prix de vente la somme de 30,000 fr., pour la prêter à M. Lotz.

En dixième lieu.

» Que les observations de MM. Bordillon frères, relatives au prétendu traité passé entre MM. Arnous-Rivière et Carié et l'Administration des ponts et chaussées, pour le remblaiement du chantier Guibert, ne sont pas fondées.

» Jugeons enfin que, dans le délai de deux mois, à partir de la notification du présent jugement, les comptes de la Société des Docks et Bassins du port de Nantes seront entièrement refaits sur les bases établies audit jugement par MM. les Administrateurs, et faute à eux de le faire dans ce délai, nommons pour procéder à ce travail M. Caillard, arbitre de commerce. »

Frappée d'appel par M. Arnous-Rivière, cette sentence a été confirmée à la Cour par un arrêt en date du 7 avril 1851, dont voici le dispositif :

« La Cour met l'appellation au néant, ordonne que ce dont est appel sortira effet.

» Dit en conséquence que la Société n'est pas déchue du droit de contrôler et de vérifier les comptes de 1843 et de 1844 ; que les sommes payées par Arnous-Rivière et Carié, en l'acquit de Chaley et de Bordillon, pour le remboursement des 150,000 fr. grevant l'apport social de ceux-ci, seront exclues des comptes de gérance, sauf à Arnous Rivière et à Carié à faire valoir contre la Société les actions dans lesquelles ils peuvent être subrogés par l'effet de ces paiements ; que la Commission de 4 °/₀ accordée aux administrateurs, pour frais de gestion et d'administration, et à la charge de laquelle resteront les frais de commis, devra être payée en premier lieu, soit sur les revenus et profits de toute nature, soit sur l'excédant de ressources de la Société, après le remboursement des capitaux énumérés dans l'article 6 de l'acte de Société.

» Dit que les intérêts desdits capitaux, en cas d'insuffisance des revenus et produits, devront être remboursés au marc le franc après l'acquit desdits capitaux et de la Commission, sur l'excédant des ressources de la Société. »

Dans l'intervalle, un jugement du Tribunal civil de Nantes, en date du 16 août 1850, confirmé en appel le 12 février 1851, avait prononcé la dissolution de la Société, et renvoyé les parties devant Mᵉ TRÉMANT, notaire, pour procéder à la fixation des droits de chacun, à l'établissement du montant des dettes, en un mot, à toutes les opérations que la liquidation de la Société rendrait nécessaires, sauf toutefois le maintien des comptes qui seraient déjà réglés et des décisions arbitrales qui auraient pu être rendues sur les comptes.

C'est à la suite de ces décisions que M. Arnous-Rivière rendit son compte de gestion, arrêté au 15 février 1851. Ce compte a été critiqué dans de longs contredits faits par les actionnaires, auxquels M. Arnous-Rivière a répondu le 22 juillet 1852, et le tout a été remis à M⁰ TRÉMANT; celui-ci a dressé un compte nouveau clos définitivement le 15 décembre 1852.

M. Arnous-Rivière, hâté d'en finir, disent ses conclusions, a demandé devant le Tribunal l'homologation pure et simple du travail de M⁰ TRÉMANT, qui a été au contraire vivement attaqué par les actionnaires, notamment dans des mémoires de M. G. de Baer et de M. G. de la Touche, sous la date de juin 1853.

Sur les diverses conclusions des parties, le Tribunal a rendu, le 29 novembre 1853, le jugement qui nous nomme et dont voici le dispositif :

LE TRIBUNAL DIT AVANT FAIRE DROIT, JUGE,

« Que le travail de vérification des comptes de gérance de la Société des Docks et Bassins, dressé par M⁰ TRÉMANT, sera revisé et rectifié dans les parties qui seraient en désaccord avec les prescriptions de la sentence du 23 avril 1847, et de l'arrêt du 7 avril 1851; qu'il sera complété par l'appréciation qui sera faite des contredits sur chaque redressement demandé;

» Commet pour procéder à cette révision et appréciation le sieur Lefoulon, arbitre de commerce à Nantes, lequel prêtera, comme expert, le serment prescrit par la loi, devant M. Demangeat, juge à ce siége ;

» Dit que le sieur Lefoulon, après s'être fait représenter tous comptes de gérance de la Société des Docks et Bassins, ainsi que les pièces à l'appui; avoir entendu les parties; examiné les écrits qu'elles ont respectivement fournis, relativement aux susdits comptes; s'être bien pénétré des termes et de l'esprit de la sentence arbitrale du 23 avril 1847 et de l'arrêt confirmatif du 7 avril 1851, dressera un travail nouveau sur les points qui sont en l'état, l'objet de discussion entre les parties, exclura du compte de gérance que le sieur W. Arnous-Rivière est tenu de rendre toutes sommes en capital, intérêts , frais de notaire ou d'enregistrement, droits d'agio et commission, et de toute autre nature , ayant eu pour destination et pour emploi l'acquittement des 130,000 fr. qui formaient la dette personnelle des sieurs Arnous-Rivière et Carié, et non celle de la Société ;

» Examinera le mérite des redressements et rectifications du compte de Me TRÉMANT, qui sont demandés par les sieurs Chaley, Bordillon , de Baer, de la Touche et autres, redressements et rectifications signalés, notamment dans leurs contredits ;

» Recherchera et constatera l'origine et le chiffre des sommes qui ont été employées pour l'exécution des travaux prévus et spécifiés par les devis, pour la mise en valeur industrielle des terrains ;

» Déterminera quelle somme les sieurs Arnous-Rivière et Carié ont fournie ou procurée pour ces mêmes travaux , à quelle époque ont commencé et fini leurs versements ;

» Dira également la source et l'importance d'autres sommes qui auraient été dépensées en travaux supplémentaires ; quelle a été la destination donnée à une somme de 45,000 fr. sur les 49,894 fr. 72 c., faisant l'objet d'un appel spécial de fonds, fait aux actionnaires en vertu d'un jugement de ce tribunal du 7 février 1848, pour du tout être dressé compte et rapport qui seront déposés au greffe, et être statué ensuite par le Tribunal, ce qu'il appartiendra ;

» Dit qu'au cas de non acceptation par M. Lefoulon, un autre expert sera désigné par le président sur simple requête à lui présentée ; relativement à la question de dommages-intérêts, le Tribunal tarde à statuer jusqu'après connaissance des résultats de la nouvelle expertise.

» Dépens réservés. »

Le jugement fut frappé d'appel et confirmé par la Cour, le 11 juillet 1854. Cependant, sur les conclusions conformes de M. Arnous-Rivière, l'arrêt fut rendu avec des considérants nouveaux, et il fut dit qu'il n'avait été définitivement statué sur aucune des questions litigieuses, et que les droits des parties demeuraient réservés sur toutes les difficultés qui les divisent.

C'est dans cet état que l'affaire est arrivée devant nous.

Nous avons donc :

Premièrement. — A dresser un travail nouveau devant former le compte de gérance de M. Arnous-Rivière, en suivant les prescriptions du jugement, et à examiner le mérite des redressements et rectifications demandés, notamment dans les contredits par MM. Chaley, Bordillon, de Baer, de la Touche et autres.

Deuxièmement. — A rechercher et constater l'origine et le chiffre des sommes qui ont été employées pour l'exécution des travaux prévus et spécifiés par les devis, pour la mise en valeur industrielle des terrains, et à déterminer quelles sommes les sieurs Arnous-Rivière et Carié ont fournies ou procurées pour ces mêmes travaux ; à quelle époque ont commencé et fini leurs versements ?

Troisièmement. — A dire la source et l'importance d'autres sommes qui auraient été dépensées en travaux supplémentaires, et quelle a été la destination donnée à une somme de 45,000 francs, sur les 49,894 fr. 72 c. formant l'objet d'un appel de fonds fait aux actionnaires, en vertu d'un jugement du 7 février 1848.

Pour répondre à la première demande, nous avons dû, en

la lisant avec attention, nous pénétrer des termes et de l'esprit de la sentence, et de l'arrêt rendu au sujet des comptes. Puis, nous avons examiné le compte rendu par M. Arnous-Rivière, ainsi que les contredits auxquels il a donné lieu, puis enfin le travail de Me TRÉMANT, et les critiques dont il a été l'objet.

En examinant et vérifiant ce dernier travail, nous avons voulu nous rendre raison des différences qui existaient entre ce compte et celui de M. Arnous-Rivière, et avant de nous occuper de l'appréciation de chaque somme en détail, nous avons trouvé une erreur d'addition de 100 fr. et quelques erreurs matérielles de peu d'importance; puis, nous nous sommes aperçu qu'une erreur de 16,485 fr. 17 c. avait de plus été commise par Me TRÉMANT, qui avait omis de porter en recette, à la neuvième année, les rentrées sur les ventes et délégations, montant au chiffre ci-dessus et qui sont l'objet de la dernière page du compte rendu par M. Arnous-Rivière.

En plaidant devant le Tribunal, cette erreur toute matérielle de la part du notaire, n'a été signalée ni par M. Arnous-Rivière, ni par MM. G. Bordillon, de Baer et de la Touche. Aucun d'eux ne l'avait remarquée.

Dans son compte, M. Arnous-Rivière porte la Commission dé-gérance parmi les frais généraux et se la fait payer au même titre. C'est une erreur, car d'après l'acte de Société, les frais généraux doivent tout d'abord être prélevés sur le produit des locations et fermages et sur les revenus et profits de toute nature, tandis que les Commissions, d'après l'arrêt du 7 avril 1851, ne sont payables qu'après le remboursement des capitaux, énumérés dans l'article 6 de l'acte de Société.

Dans leurs contredits, les actionnaires admettent que les Commissions doivent se payer sur les revenus et produits, et non pas en concurrence, mais après le prélèvement des frais généraux. Cette interprétation de l'arrêt ne nous a pas paru exacte, car il est décidé que la Commission devra être payée en premier lieu, soit sur les revenus et produits de toute nature, soit sur l'excédant des ressources de la Société, après le remboursement des capitaux. Ces mots (*en premier lieu*) ne peuvent donc indiquer qu'une antériorité sur les intérêts, et non sur les capitaux eux-mêmes.

Indépendamment de cette fausse interprétation des décisions judiciaires, les Commissions sont en chiffres inexactement portées sur chacun des neuf exercices. Cette inexactitude provient de ce que le comptable employé par M. Arnous-Rivière, en établissant les nouveaux comptes, a porté chaque année la Commission telle qu'elle figurait sur les premiers, dont la révision a été ordonnée, et ce, sans se livrer aux nouveaux calculs qu'exigeait l'établissement des deuxièmes comptes. Au reste, sur l'indication des contredits, M. Arnous-Rivière avait, dès le 22 juillet 1852, reconnu que ces comptes devaient être rectifiés; dans ce sens seulement il maintenait à tort la commission, sur les appels des fonds qui, aux termes de l'acte social, article 7, n'est pas due. Dans son travail, M⁰ TRÉMANT a relevé cette double erreur, comme nous le ferons nous-même, en prenant pour base de la commission les capitaux admis, sur lesquels elle doit être prélevée aux termes de l'acte de Société.

Dans les contredits, cette commission a été le sujet de critique à chacun des neuf comptes, mais nous n'y reviendrons pas.

Sur son compte, M. Arnous-Rivière, interprétant dans ce sens les articles 7 et 8 de l'acte de Société, porte sur les dépenses l'intérêt à 6 $\%$, et sur les recettes l'intérêt à 4 $\%$. Sur les frais généraux, il ajoute les intérêts au capital pour s'en rembourser avec les revenus et produits, et il augmente les recettes de l'intérêt à 4 $\%$. C'était une fausse interprétation des décisions judiciaires. M⁰ TRÉMANT en a rétabli la véritable portée, en ouvrant pour ces intérêts comme pour ceux des travaux et des capitaux des 130,000 fr. et 50,000 fr., un chapitre à part. Mais, en faisant ses calculs, Me TRÉMANT avait d'abord pris l'intérêt à 6 °/₀ sur les dépenses, puis à 4 °/₀ sur les recettes, et déduit à la fin de chaque compte le résultat de la seconde opération du résultat de la première.

A la fin de son travail, il s'est aperçu que ce mode de calcul d'intérêts n'était pas exact en ce sens, que dans le cours de l'année il s'opérait, au fur et à mesure des recettes, une sorte de compensation avec les dépenses, et il a rectifié son compte, en conséquence ; nous avons aussi adopté ce système, bien que le premier eût pu avoir sa raison d'être, si les conventions eussent été clairement établies à ce sujet, et nous n'avons pris les intérêts que sur la balance des nombres des dépenses et des recettes.

Enfin, dans son compte général, M. Arnous-Rivière porte à chacun des exercices l'intérêt sur le solde des intérêts dus à l'exercice précédent.

Me TRÉMANT, dans son travail, n'a pas admis ces intérêts composés.

Devant nous, M. Arnous-Rivière a pris des conclusions tendant à ce que ces intérêts composés fussent rétablis. Nous avons communiqué ces conclusions auxquelles il a été répondu les 12 et 19 janvier 1856, par des conclusions de M. G. Bordillon et de M. Delalande, syndic de la faillite Th. Bordillon ; le 20 janvier 1856, par des conclusions de M. G. de la Touche auxquelles ont adhéré de Paris, M. Taillet, le 5, et M. de Baer, le 6 février suivant ; et enfin, le 12 février 1856, par des conclusions de M. Delalande seul.

Après avoir pris connaissance de ces diverses conclusions et entendu les parties, nous avons pensé que bien que la Société des Docks et Bassins fût une Société civile, sa comptabilité, ainsi que le fait remarquer l'arrêt de la Cour, avait été tenue dans une forme commerciale et qu'elle avait aussi emprunté souvent au commerce les habitudes de ses opérations de crédit; que c'était donc selon la forme commerciale que ces comptes devaient être réglés. Qu'en matière de commerce, il est d'usage constant que les comptes réglés chaque année emportent avec eux le cumul des intérêts; que l'argument tiré de ce que M. Arnous-Rivière aurait demandé l'homologation pure et simple du travail de Mᵉ TRÉMANT, dans lequel ne figurent pas ces intérêts composés, ne saurait avoir de valeur devant l'arrêt de la Cour, qui décide qu'il n'a été définitivement statué sur aucune des questions litigieuses et que tout droit demeure réservé; que, d'ailleurs, l'acceptation comme l'aveu est indivisible, et qu'il n'est pas possible d'admettre que l'homologation ait pu être demandée avec la connaissance suffisante de ce travail, aujourd'hui qu'il s'est révélé des erreurs matérielles qui n'avaient été aperçues, ni par le demandeur, ni par les défendeurs.

Que, d'après l'acte de Société, les comptes devaient être dressés le 15 février de chaque année, et être présentés dans les quinze premiers jours de mars à l'assemblée générale pour être clos et définitivement arrêtés; que si ses comptes avaient alors été reconnus justes, il en fût résulté que, d'ailleurs la Société fût-elle civile ou commerciale, le solde approuvé eût été en capital et intérêts porté à nouveau au compte suivant et eût nécessairement porté lui-même intérêt à l'insu, pour ainsi dire, des parties;

Qu'il n'y aurait pas eu deux manières possibles d'opérer à ce sujet; qu'il résulte de ce principe, qui nous semble incontestable,

que nous, qui sommes appelés par la justice à établir les comptes
tels qu'ils auraient dû l'être par le gérant, et année par année,
ce sur quoi toutes les parties sont d'accord, nous devons à
chaque exercice les arrêter en capital et intérêts, et que le solde
résultant de cette opération doit former le premier article de
l'exercice suivant et produire des intérêts, comme les capitaux
nouveaux, dont cet exercice sera alimenté; que la sentence de
1847 et l'arrêt de 1851, en reportant le paiement des intérêts
après celui des capitaux, n'ont en rien préjugé la question, car les
juges n'ont pu entendre parler que des intérêts tels que de
droit.

Nous allons donc établir le compte de gérance, en ouvrant une
colonne pour les frais généraux, qui doivent être payés en
première ligne sur les revenus et produits, une autre pour les
travaux qui doivent être payés tout d'abord sur les produits de
toute nature après l'acquittement des frais généraux, une troisième
pour les commissions, payables après les travaux et les deux
capitaux de 130,000 fr. et de 50,000 fr., et une quatrième pour
les intérêts payables en dernier lieu; puis, à chaque exercice, nous
déduirons les recettes du montant des dépenses.

A la fin de chacun des neuf comptes annuels, nous rappellerons
les contredits qui s'y rattachent et nous y répondrons en donnant
nos motifs pour l'admission ou le rejet de chaque somme contestée.

Seulement, d'après ce que nous avons dit plus haut, nous ne
reviendrons plus sur les contredits relatifs aux commissions et
aux intérêts, puisque nous ne pourrions que répéter neuf fois la
solution que nous avons donnée à ces deux contestations. Ceci
posé, nous commençons l'établissement des comptes au 15 février
de chaque année.

PREMIÈRE ANNÉE. — 1842 à 1843.

DATES.		DÉPENSES.	FRAIS GÉNÉRAUX.	TRAVAUX.	COMMISSIONS.	INTÉRÊTS.	JOURS.	NOMBRES.
1842.								
Juin.....	11	Payé à Chaley et Bordillon		3500 »			249	8715
Juillet....	6	Dº aux mêmes		5158 06			224	11554
Août.....	6	Dº aux mêmes		3000 »			193	5790
	10	Dº à Mellinet, pour affiches	36 »	»			193	69
	10	Dº à Chaley et Bordillon		1000 »			189	1890
	11	Dº aux mêmes		8662 37			188	16284
Septembre	6	Dº aux mêmes		1000 »			162	1620
	8	Dº à Arnous-Rivière, pour divers frais	9 70	»			160	16
	10	Dº à Chaley et Bordillon		8014 37			158	12662
	23	Dº aux mêmes		1500 »			145	2175
Octobre..	6	Dº aux mêmes		5000 »			132	6600
	10	Dº aux mêmes		5651 33			128	7233
	20	Dº aux mêmes		1500 »			118	1770
	22	Dº à Gohaud, pour 4 kilogrammes de luzerne	5 60	»			116	7
	26	Dº à Chaley et Bordillon		1000 »			112	1120
Novembre.	7	Dº aux mêmes		2000 »			100	2000
	7	Dº aux mêmes (bon, ordre Esmein)		4000 »			100	4000
	10	Dº aux mêmes		4610 43			97	4472
	12	Dº à Guichet, pour installer un fourneau	5 90	»			95	6
	12	Dº à Chaley et Bordillon		2000 »			95	1900
	12	Encaissement, par Chaley et Bordillon, d'une somme due par Brelet		300 »			95	285
	12	Encaissement, par les mêmes, pour location du pré Blanchard		641 67			95	610
	24	Payé à Chaley et Bordillon		2000 »			83	1660
Décembre.	9	Dº aux mêmes (2 bons), ensemble		255 »			68	173
	10	Dº aux mêmes, pour solde de leurs travaux de novembre		5722 92			67	3834
	10	Passe de sac	» 15	»			»	»
	12	Payé à Chaley et Bordillon		4500 »			65	2925
	13	Dº à Esmein, pour frais et honoraires	1812 80	»			64	1160
1843.	31	Dº pour prime d'assurance d'une maison	3 80	»			46	2
Janvier...	9	Dº pour contributions	249 68	»			37	92
	9	Dº à Chévrier, pour plans	147 50	»			37	54
	10	Dº à Chaley et Bordillon (2 bons), ensemble		100 »			36	36
	10	Dº aux mêmes, pour solde des travaux de novembre		1096 85			36	395
	13	Dº un bon de Dusouchay, à valoir		40 »			33	13
Février...	4	Dº à Chaley et Bordillon		1000 »			11	110
	6	Dº aux mêmes		300 »			9	27
	10	Dº aux mêmes		2392 08			5	120
	14	Dº pour deux feuilles de papier timbré	» 70	»			1	»
	15	Dº à Ponsin, pour fournitures de registres	24 »	»			»	»
		Montant des frais généraux, 2,295 fr. 83 c.; montant des travaux, 75,945 fr. 08 c., ci	2295 83	75945 08				101379

PREMIÈRE ANNÉE. — 1842 à 1843.

DATES.	RECETTES.	FRAIS GÉNÉRAUX.	TRAVAUX.	COMMISSIONS.	INTÉRÊTS.	JOURS.	NOMBRES.
1842.	Report........................	2295 83	75945 08	» »	» »	»	»
Août..... 20	Reçu de Brelet, pour vente d'aubépine.............	28 »				179	50
Septembre 8	D° de André et Guichet, pour loyer.............	100 »				160	160
19	D° de Leroy, pour vente de saules.............	127 40				149	189
Novembre. 12	D° de André et Guichet, pour loyer.............	100 »				95	95
18	D° de Brelet, par Bordillon, pour récolte des prés.	300 »				89	267
Décembre. 12	D° de Lenoir et Harmange, pour loyer...........	733 33				65	476
12	D° le 12 novembre, quote part de location du pré Blanchard.........................	641 67				95	610
1853.							
Janvier... 13	D° de Brelet, pour vente d'aubépine.............	4 »				33	1
16	D° de Favreul, pour location....................	150 »				30	45
Février... 4	D° d'André, pour location.....................	15 »				11	2
4	D° de Guichet, pour location...................	70 »				11	8
	Montant des recettes, 2,269 fr. 40 c., ci.....	2269 40					1903
	Le montant des recettes est de.....................	2269 40					
	Celui des frais généraux est de.....................	2295 83					
	Celui des travaux est de........................	75945 08					
	Soit ensemble.............	80510 31					
	Sur lesquels il est dû aux gérants une commission de 1 %, soit..................................	....		805 10			
	Les nombres sur les dépenses sont de..............	101379 »					
	Sur les recettes ils sont de........................	1903 »					
	Il en résulte une balance de..........	99476 »					
	Qui, à 6 %, donne en intérêts...............	....			1657 93		
	Intérêts des 130,000 fr., au 15 février 1843, à 5 %....	4576 »					
	Intérêts des 50,000 fr., au 15 février 1843, à 5 %....	1760 »					
	Ensemble....	6336 »					

Les intérêts se capitalisant à 5 %, tandis que les autres se capitalisent à 6 %; nous les laisserons en dehors pour ne les faire figurer dans la colonne des intérêts qu'à la fin du dernier exercice. Les recettes étant destinées à éteindre d'abord les frais généraux, nous les déduisons de ce dernier compte, qui se trouve diminué d'autant.. 2269 40

Il reste dû, aux frais généraux, 26 fr. 43 c.; aux travaux, 75,945 fr. 08 c.; aux commissions, 805 fr. 10 c.; aux intérêts, 1,657 fr. 93 c.; soit ensemble, 78,434 fr. 54 c.; plus, 6,336 fr. d'intérêts aux deux capitaux de 130,000 fr. et 50,000 fr., à reporter à l'exercice suivant.................................. 26 43 | 75945 08 | 805 10 | 1657 93

Sur le compte de cette première année, MM. G. Bordillon et consorts rejettent dans leurs contredits :

1°   9 fr. 70 c. pour divers frais payés à M. Arnous-Rivière ;
2°   19   25   pour frais de passage du commis Brunellière ;
3° 847   20   sur les 1,812 fr. 80 c. payés à Esmein,
                      pour frais ;
4°   3   80   pour prime d'assurance d'une maison ;
5°   24   »   payés à Ponsin pour fournitures de registres.

Nous avons admis la première de ces sommes parce que, bien qu'il n'y ait pas de pièce justificative, la dépense est régulièrement portée au livre journal, f° 2, et qu'il est impossible à un Administrateur ou à un gérant de se procurer des quittances pour certaines petites dépenses qu'il est obligé de faire, et l'inscription de celle-ci sur les livres nous a paru une justification suffisante.

Nous avons rejeté la deuxième, qui se compose de divers frais de passage du commis Brunellière, mais nous ne l'avons fait que parce que la sentence de 1847 laisse à la charge des Administrateurs, non-seulement les appointements, mais encore les frais de commis ; sans cette prescription absolue, nous les aurions admis, parce qu'il nous a paru que ces frais étaient la conséquence de la situation topographique des terrains et que, s'ils avaient été faits par les Administrateurs eux-mêmes, il n'eût pas été possible de les leur refuser.

Nous avons admis en son entier la somme de 1,812 fr. 80 c. payée à Esmein pour frais, et n'avons pas trouvé fondé le rejet de 847 fr. 20 c. demandé par les contredits. Cette somme de 1,812 fr. 80 c. est le montant d'une note de frais et honoraires émanant de l'étude du notaire Esmein, et relative à l'acte de Société des Docks et Bassins; on lit en bas de cette note :

« Vu bon à payer: Nantes, le 10 décembre 1842. »
ARNOUS-RIVIÈRE, *Administrateur de la Compagnie des Docks et Bassins.*

Tout vient donc démontrer que cette somme a bien été payée en son entier par la Société ; en effet, on lit au livre journal, f° 7, à la date du 13 décembre 1842 :

« Frais généraux, 1,812 fr. 80 c., à Bretonnière, son paiement » à Esmein, notaire, pour frais. »

D'où il résulte qu'il a bien été tenu compte de cette somme à Bretonnière.

M. Bordillon ayant devant nous insisté sur le rejet de ces 847 fr. 20 c., composé de 750 fr., moitié des honoraires, et de 97 fr. 20 c., de vacations en conférences préparatoires, nous nous sommes transporté au cabinet de M. Gendron, détenteur des livres de M. Carié, et pour cette époque de M. Bretonnière.

Nous nous sommes fait représenter le livre de caisse, et nous y avons trouvé à la date du 13 décembre 1842 :

« Compté à Esmein, frais Docks et Bassins, 1,812 fr. 80 c. »

Puis, le grand livre au f° 323, duquel nous avons trouvé un compte ouvert à Docks et Bassins et au débit à la date du 13 décembre 1842 :

« Compté à Esmein, pour frais, 1,812 fr. 80 c. »

D'où il suit que la somme a été payée en espèces à Esmein, et que la Société en a tenu compte à Bretonnière.

Maintenant, que les deux notaires aient, par suite de leur concours à l'acte, partagé les honoraires dans des comptes particuliers, cela nous paraît probable et d'ailleurs légitime, mais n'a évidemment aucun rapport avec la Société qui a bien payé la somme entière.

On dit enfin que le mémoire d'Esmein n'est pas acquitté et que la somme d'honoraires et de vacation est trop élevée.

Il nous a semblé, quant au défaut de quittance, que les actionnaires, du moment que la somme a bien été acquittée, étaient sans intérêt, puisqu'Esmein ne réclamait pas, et qu'en cas de réclamation, M. Arnous-Rivière serait seul responsable, la Société ayant déjà payé ; et quant au chiffre des honoraires et des vacations, il nous a également semblé, en supposant, ce que nous ne sommes pas à même d'apprécier, qu'il y eût à en diminuer quelque chose, que de la part des actionnaires ce n'est plus le moment de se plaindre.

Qu'il fallait, s'il y avait lieu, le faire, suivant les prescriptions de l'acte de Société, dans les trois mois qui ont suivi le 15 mars 1843, jour de la présentation du compte dans lequel cette somme est comprise, parce qu'à cette époque il eût été possible, si les honoraires étaient réellement portés en dehors des conventions ou de l'usage, de demander la restitution de ce qui aurait été payé en trop, chose aujourd'hui impossible.

Nous avons admis la somme de 3 fr. 80 c., pour prime d'assurance.

On s'explique suffisamment qu'une quittance puisse s'égarer et se perdre ; la somme est portée au livre journal, fº 7, ce qui démontre assez qu'elle a été payée indépendamment de son objet qui se justifie de lui-même.

Nous avons également admis les 24 fr. payés à Ponsin, pour registres, parce que cette dépense ne peut rester au compte des Administrateurs ; des livres étaient indispensables à la Société, à qui d'ailleurs ils appartiennent.

DEUXIÈME ANNÉE. — 1843 à 1844.

DATES.	DÉPENSES.	FRAIS GÉNÉRAUX.	TRAVAUX.	COMMISSIONS.	INTÉRÊTS.	JOURS.	NOMBRES.
	Report de l'exercice précédent, valeur au 15 février 1843..	26 43	75945 08	805 10	1657 93	365	286288
843.							
février... 28	Payé à Chaley et Bordillon, pour remboursement d'impôts.....	250 »				362	905
Mars..... 4	Dº aux mêmes, pour travaux................		1300 »			348	5220
8	Dº aux mêmes..................		3000 »			344	1300
10	Dº aux mêmes..................		230 »			342	787
12	Dº à Gillet, pour fourniture d'arbres............	40 »				340	136
14	Dº à Chaley et Bordillon............		917 54			338	3103
30	Dº à Lebourg, pour achat d'un carton............	3 »				322	10
Avril..... 8	Dº à Chaley et Bordillon............		500 »			313	1565
10	Dº aux mêmes..................		4000 »			311	12440
10	Dº aux mêmes..................		85 »			311	264
11	Dº aux mêmes..................		1000 »			310	3100
13	Dº au Cadastre, pour plans............	8 »				308	25
15	Dº à Chaley et Bordillon............		1324 33			306	4051
Mai..... 8	Dº aux mêmes..................		400 »			283	1132
8	Dº aux mêmes..................		133 »			283	376
9	Dº à Roy, peintre, pour vitres............	7 »				282	20
13	Dº à Chaley et Bordillon............		69 »			278	192
Juin..... 2	Dº aux mêmes..................		1316 96			258	3398
2	Dº aux mêmes..................		168 19			258	433
5	Dº à Ballu, ferblantier, pour une boîte............	2 75				255	8
10	Dº à Chaley et Bordillon............		2240 »			250	5600
10	Dº aux mêmes..................		3544 67			250	8862
13	Dº à Bretonnière, pour frais à la vente Cardinal............	435 42				246	1070
Juillet.... 5	Dº à Chaley et Bordillon............		600 »			225	1350
14	Dº à Haranchipy, pour 6 mois d'intérêts sur les 50,000 fr. délégués............	1250 »				216	2700
Septembre 6	Dº à Ballu, pour une boîte............	5 »				162	8
Octobre.. 12	Dº à Chaley et Bordillon............		1117 28			126	1407
27	Dº à Charpentier père et fils, pour fournitures de bureau.....	142 »				111	158
30	Dº à Taillet, pour terre fournie à Kersabiec............	64 »				108	69
30	Dº à Lotz, à titre d'avances à la valeur, cº du 14 août........	21000 »				185	38850
Novembre. 15	Dº à Soudée, pour expertise de travaux............	500 »				92	460
Décembre. 3	Dº à Arnous-Rivière, pour frais de voyage à Angers........	15 »				74	11
5	Dº pour supplément de droit d'enregistremt de l'acte de société.	10441 74				72	7518
15	Dº à Lambert, pour compte Lotz............	2000 »				62	1240
16	Dº pour une feuille de papier timbré............	1 25				61	1
1844. 30	Dº un bon Lotz............	1000 »				47	470
Janvier... 2	Dº à Dusouchay, pour relevé d'un plan............	20 »				44	9
5	Dº à Mlle Meuret, pour fournitures de bureau............	25 35				41	10
9	Dº à Chaley et Bordillon............		500 »			37	185
9	Dº à Beilard et Terteraux, pour compte Lotz............	3269 51				37	1210
9	Dº à Haranchipy, pour 6 mois d'intérêts............	1250 »				37	463
9	Dº à Bretonnière, frais de dépôt de l'expédition de l'acte de société par actions............	550 10				37	204
9	Dº au même, pour frais de transport de diverses créances.....	1681 74				37	622
3	Dº au même, supplément de frais au contrat Lotz............	1570 80				37	58
13	Dº à Chaley et Bordillon............		200 »			33	66
20	Dº pour 11 feuilles de papier timbré............	11 25				26	3
Février... 3	Dº à Chaley et Bordillon............		400 »			12	48
	Montant des frais généraux, 45,570 fr. 31 c.; montant des travaux, 99,191 fr. 05 c., ci............	45570 31	99191 05	805 10	1657 93		406948

DATES.	RECETTES.		FRAIS GÉNÉRAUX.	TRAVAUX.	COMMISSIONS.	INTÉRÊTS.	JOURS.	NOMBRES.
1843.	Report...................		45570 31	99191 05	805 10	1657 93	»	
Mars..... 9	Reçu de M. Allard, pour location d'un chantier......	40 »					343	
18	D° de Brelet, pour station de 26 bateaux.........	2 25					334	
Avril.... 3	D° d'Allard, pour location d'un chantier..........	40 »					318	
11	D° de Torion, pour 24 jours de gare.............	12 »					310	
29	D° de Vaillant, pour stationnement de 4 gabareaux.	9 75					292	
Mai...... 8	D° de Guichet, pour loyer de sa maison..........	133 »					283	
12	D° de Brelet, pour loyer d'une loge.............	105 »					279	
Juillet.... 15	D° de Favreul, pour loyer de chantier............	61 »					215	
22	D° de Deruays, pour bonification d'intérêts.......	17 50					208	
Août..... 3	D° de Boujard, pour intérêts (solde)............	59 »					196	
Septembre 26	D° de Pelloutier, à valoir à l'indemnité pour prise d'eau..........	7000 »					142	99
Novembre. 12	D° du même, pour solde.................	4500 »					65	29
1844. 27	D° de Boujard, pour intérêts..........	17 20					50	
Janvier... 2	D° de Vaumin, à valoir à ses intérêts.......	100 »					44	
15	D° du même, pour solde...............	76 40					31	
15	D° de Kersabiec, pour location d'un chantier.....	147 »					31	
Février.. 6	D° de Taillet, pour intérêts de retard sur ses remises.	95 45					9	
	Montant des revenus et produits.........	12415 55					»	
Avril.... 29	D° de Cardinal, à valoir à son acquisition.......	8500 »					292	248
Mai...... 13	D° de Cardinal, pour solde.................	2500 »					278	55
Juillet.... 15	D° de Haranchipy, montant de délégation sur la créance Lotz.........	50000 »					215	1075
22	D° de Deruays, pour délégation sur la créance Guicheteau.........	4500 »					208	93
	D° de Guicheteau, à valoir à son prix d'acquisition, le 6 septembre.........	2000 »					162	32
Septembre 9	D° de Mlle Raboteau, pour délégation sur la créance Boujard.........	4000 »					159	63
26	D° de Bousquet, pour délégation sur créance Lotz.	10000 »					142	142
	Montant des recettes, 93,415 fr. 55 c., ci....	93415 55						1853
	Le montant des recettes est de............	93415 55						
	Celui des frais généraux est de............	45543 88						
	Celui des travaux est de............	23245 97						
	Soit ensemble..........	162205 40						
	Sur lesquels il revient aux gérants une commission de 1 %, soit............	....			1622 05			
	Les nombres du débit sont de............	406948 »						
	Ceux du crédit sont de............	185322 »						
	Il en résulte une balance de..........	221626 »						
	Qui, à 6 %, donne en intérêts........	....				3693 76		
	Report des intérêts sur les 180,000 fr.........	6336 »						
	Intérêt d'un an, sur ce solde, à 5 %.........	316 »						
	Intérêt d'un an sur 130,000 fr., à 5 %.........	6500 »						
	Intérêt d'un an sur 50,000 fr., à 5 %.........	2500 »						
	Ensemble........	15652 80						
	A reporter........		45570 31	99191 05	2427 15	5351 69		

DATES.	RECETTES.	FRAIS GÉNÉRAUX.	TRAVAUX.	COMMISSIONS.	INTÉRÊTS.	JOURS.	NOMBRES.
	Report......................	45570 31	99191 05	2427 15	5351 69		
	Les recettes étant de 93,415 fr. 55 c., doivent absorber les frais généraux montant à 45,570 fr. 31 c.; et, avec le solde de 47,845 fr. 24 c., diminuer d'autant le compte des travaux.................		47845 24				
	Et il reste dû, aux travaux, 51,345 fr. 81 c.; aux commissions, 2,427 fr. 15 c.; aux intérêts, 5,351 fr. 69 c.; soit, ensemble, 59,124 f. 65 c.; plus, 13,652 fr. 80 c. pour intérêts sur les 180,000 francs, à reporter à l'exercice suivant..................	» »	51345 81	2427 15	5351 69		

Sur ce compte de cette deuxième année, MM. G. Bordillon et consorts rejettent dans leurs contredits :

1°   24 fr. 50 c.   pour frais de passage du commis Brunellière ;

2°   3   »   pour achat d'un carton ;

3°   8   »   pour plans payés au bureau du cadastre ;

4°   7   75   pour 2 boîtes de ferblanc de 2 fr. 75 c. et 5 fr. ;

5°   142   »   pour paiement à Charpentier père et fils et Cie ;

6°   435   42   payés à Bretonnière, pour frais de vente à M. Cardinal ;

7°   1250   »   payés à Haranchipy, pour intérêts sur 50,000 f. délégués ;

8°   562   92   pour frais d'agio sur les billets Lotz ;

9°   1066   67   pour négociation d'un billet des gérants ;

10°   15   »   pour frais de voyage à Angers ;

11°   25   35   payés à Mlle Meuret, pour fournitures de bureau ;

12°   550   10   payés à Bretonnière, pour dépôt de l'acte de Société par actions ;

13°   1570   80   pour supplément de frais à l'échange avec Lotz ;

14°   30   20   pour frais de main-levée à la créance Fonteuilliat ;

15° 1236 fr. 25 c. sur les 1,681 fr. 74 c. pour frais de transport
                          sur diverses créances;
16°   631   77   pour escompte à la négociation de deux effets,
                          ensemble 2,600 fr.;
17°   250   »   pour remboursement d'impôts.

En outre, ils déclassent :

1° Les diverses sommes payées à Lotz à titre d'avance;
2° Les deux sommes reçues de Pelloutier pour indemnité de prise d'eau.

Et ils rejettent des recettes :

1° Les 50,000 fr. montant de la délégation à Haranchipy de la créance sur Lotz;
2° Les 4,500 fr., montant de la délégation à Deruays de la créance Guicheteau.

Nous avons rejeté du compte la première de ces sommes pour frais de passage du commis Brunellière, par les raisons que nous avons déjà données pour les mêmes frais portés au premier exercice.

Nous avons admis les 2°, 3°, 4° et 11° sommes, parce que, ainsi que nous l'avons dit au premier exercice, on ne prend pas toujours de quittance chez un marchand quand on achète isolément des articles de 2 fr. 75 c. et 5 fr.; qu'il est possible même pour les 8 fr. payés pour deux plans que le bureau du cadastre ne donne pas de reçu, que ces divers objets, qui se justifient d'ailleurs par leur énonciation, sont portés au livre journal, f°' 12, 14 et 17, parce qu'enfin pour les fournitures de bureau, telles que 3 fr. pour un carton et 25 fr. 35 c. pour fournitures diverses appuyées de reçus, nous n'avons pas vu dans les prescrits de la sentence et de l'arrêt d'exclusion formelle pour ces sortes de frais. Ces deux documents rejettent en effet les appointements et frais de commis, ce qui fait supposer que si les frais de fournitures de bureau avaient dû être écartés, ils auraient également été indiqués.

Nous avons admis la cinquième somme de 142 fr.; il nous a été remis un duplicata du reçu de M. Charpentier père et fils et Cie : cette dépense est relative à la lithographie des actions, ainsi qu'à 400 exemplaires de ces actions et à leur reliure en deux volumes.

Nous avons maintenu aux frais généraux la sixième somme de 435 fr. 42 c. de frais de vente à Cardinal, et porté en recette la somme entière de 2,000 fr. au lieu de 1,564 fr. 58 c. seulement, comme on le fait dans les contredits.

Nous avons pensé, contrairement à l'avis exprimé par Me TRÉMANT, que la vente à Cardinal étant faite contrat en mains, les gérants devaient recevoir de l'acheteur le montant total du prix et payer au notaire les frais de l'acte. C'est, en effet, ce qui est réellement arrivé : M. Cardinal a payé le montant du prix porté à l'acte, et les gérants de leur côté ont payé au notaire la note de frais ; c'est ce qui résulte du reçu donné le 17 juin 1843 par M. Bretonnière et intitulé ainsi :

« État des frais et honoraires dus à M. Bretonnière, notaire » à Nantes, par MM. les Administrateurs des Docks et Bassins. »

Le compte rendu doit donc justifier d'un côté que Cardinal a payé, de l'autre que le notaire a été payé ; que cette double opération fasse recevoir aux gérants une double commission sur ces 435 fr. 42 c., ce n'est pas douteux ; mais aussi, c'est la conséquence et de la comptabilité telle qu'elle devait être tenue et des conventions des parties.

Les contredits ajoutent que très-probablement le notaire a fait remise de la moitié des honoraires : c'est une allégation qu'il faudrait prouver. Les livres témoignent au contraire qu'il a été tenu compte à Bretonnière de la somme entière portée à son reçu.

Nous avons admis la septième somme de 1,250 fr. payés à Haranchipy, pour intérêts sur 50,000 fr. délégués sur la créance Lotz, et maintenu aux recettes ces 50,000 fr., ainsi que les 4,500 fr. reçus de Deruays, pour délégation de la créance Guicheteau.

Ces intérêts et ces recettes sont rejetés par MM. Bordillon et consorts par application, disent-ils, de la sentence du 23 avril 1847 et de l'arrêt du 7 avril 1851, qui dispose :

« Que les sommes payées par Arnous-Rivière et Carié, en
» l'acquit de Chaley et Bordillon, pour le remboursement des
» 130,000 fr. grevant l'apport social de ceux-ci, seront exclues
» des comptes de gérance, sauf à Arnous-Rivière et Carié à
» faire valoir contre la Société les actions dans lesquelles ils
» peuvent être subrogés par l'effet de ces paiements. »

Il résulte en effet de cette disposition que si, dans le compte de gérance, on voit réellement figurer l'acquit de tout ou partie des 130,000 fr., de pareilles sommes devront être rejetées.

Les contredits ajoutent qu'il appert du livre journal, que la délégation faite à Haranchipy sur la créance Lotz, jusqu'à concurrence de 50,000 fr., et la délégation de 4,500 fr. faite à Deruays sur la créance Guicheteau, n'ont eu pour destination et pour emploi que de rembourser à Fontenilliat, cessionnaire Poydras, 54,400 fr. faisant incontestablement partie des 130,000 fr. mis à la charge de Arnous-Rivière et Carié, personnellement par le traité verbal du 24 mai 1843, dont la sentence et l'arrêt leur imposent l'exécution.

Nous avons vérifié les livres, et nous avons trouvé qu'en effet il en était ainsi ; mais ces livres nous ont démontré en même temps qu'au moment où Fontenilliat était désintéressé (le 15 juillet 1843), les contractants à l'acte du 24 mai ne lui attribuaient pas la portée qui lui a été donnée plus tard.

En effet, lorsque l'on paie Fontenilliat, l'on devrait débiter Arnous-Rivière et Carié, débiteurs personnels ; mais, au lieu de cela, ce sont, malgré le traité, Chaley et Bordillon qui sont débités en toutes lettres dans un article ainsi conçu :

« Chaley et Bordillon, 54,400 fr. à Bretonnière, son versement ;
» à M. Fontenilliat, remboursement de sa créance sur MM.
» Chaley et Bordillon. »

On voit, au reste, la même chose se reproduire, c'est-à-dire Chaley et Bordillon débités dans l'esprit du traité de Arnous-Rivière et Carié, les 13 et 29 novembre 1853, pour l'acquit de la créance Blanchard, ensemble 20,785 fr. 25 c., et le 10 et le 24 février 1844, de 26,000 et 24,000 fr. pour l'acquit de la créance Fonteneau.

Mais ces livres étaient l'œuvre des gérants, et on pourrait croire qu'eux seuls s'étaient abusés. Il ne paraît pas en être ainsi.

En effet, à l'assemblée générale du 15 mars 1844, les Administrateurs déposent sur le bureau leur rapport sur la situation sociale ainsi que l'état financier de la Compagnie, pièces et livres à l'appui, et il est donné lecture du rapport copié sur le registre des délibérations.

Dans le rapport, on lit :

« Par l'état de comptabilité que nous avons l'honneur de vous
» présenter, vous pourrez apprécier d'un coup d'œil la situation
» financière de la Société ; et les livres et pièces à l'appui vous
» serez à même d'en constater l'exactitude. »

Et une Commission de deux membres, composée de MM. Chaley
et Th. Bordillon, est nommée pour l'examen des comptes ; certes,
si les gérants se trompaient quant à l'exactitude de leur comptabilité, ils le faisaient de bonne foi et bien naïvement, puisqu'ils
mettaient tous livres et pièces sous les yeux de leurs coïntéressés,
et il ne fallait pas longtemps, il suffisait, comme le dit le rapport,
d'un coup d'œil à MM. Chaley et Bordillon, pour s'apercevoir
que, contrairement au traité du 24 mai, ils étaient tous deux débités
de 150,000 fr., au lieu des gérants, qui auraient dû payer cette
somme en leur acquit.

En lisant le registre des délibérations, on s'attend à trouver, de
la part de la Commission, une protestation ; il n'y en a point, ni
immédiatement comme elle aurait dû, à la vue des livres, se produire
par MM. Chaley et Bordillon, ni aux assemblées suivantes, les
30 et 31 mai, 17 juillet, 14 août, 23 septembre et 4 novembre
1844, ni le 15 mars 1845, jour de la présentation du nouveau
compte annuel. La première impression est donc, en lisant ce
registre, que les écritures étaient acceptées, puisque non-seulement les actionnaires, mais les contractants à l'acte du 24 mai,
spécialement chargés de l'examen, ne faisaient aucune observation
sur ce fait si important pour eux.

Ces réflexions nous sont suggérées, non point pour altérer en
quoi que ce soit le respect dû à la chose jugée, mais pour éclairer
le Tribunal sur la nature de l'affaire et pour démontrer que, dès
l'origine, les Sociétaires ont parfaitement connu les délégations

faites à Haranchipy et à Deruays, et su à quoi elles étaient destinées.

Plus tard, sont venues les décisions judiciaires du 23 avril 1847 et 7 avril 1851 ; il n'est plus possible aux gérants de donner aux produits de ces délégations leur destination première, et il leur est interdit de faire figurer dans leurs comptes l'acquit de tout ou partie des 130,000 fr. En examinant ce compte, nous avons trouvé que M. Arnous-Rivière s'était, quant à l'article en question, conformé aux prescriptions de la sentence et de l'arrêt. Il fait disparaître en effet ces 54,400 fr. en tant qu'ils ont servi à payer les 130,000 fr. qu'il acquitte de ses deniers ; mais il ne peut pas faire que les délégations n'aient pas eu lieu et qu'il n'en ait pas reçu le montant ; ces délégations, pour lesquelles, au reste, les gérants avaient les pouvoirs les plus étendus, sont faites sur des créances sociales : c'est donc à la Société que le produit en appartient, et nous ne comprenons pas quelle autre destination pourrait leur être donnée ; c'est ce que fait M. Arnous-Rivière, en portant ces recettes au crédit de la Société ; il n'était pas possible d'agir autrement, et, dans notre opinion, l'établissement du compte serait sans cela impossible.

Nous n'en voulons pour preuve que les réflexions mêmes des actionnaires dans leurs contredits de deuxième catégorie ; ils établissent un compte dans lequel ils ne font pas figurer ces délégations, mais ils éprouvent le besoin d'ajouter à la suite de ce compte :

« A noter ici que c'est au cours du présent exercice que M. le
» gérant a touché en réalité et en espèces, le.... juillet 1843, les
» 50,000 fr. qu'il s'est procuré par délégation d'autant de la
» créance Lotz, et à remarquer que si cette délégation a été
» abusive de sa part, en ce qu'elle avait pour but d'acquitter une

» dette personnelle à M. le gérant (les 150,000 fr.), et non pas
» d'acquitter une dette sociale, encore est-il que cette somme
» *en espèces* dont il a compte à rendre s'est trouvée entre ses
» mains, à partir de la susdite date, et lui a été procurée par des
» valeurs sociales ; ainsi, quand nous écrivons ci-dessus que la
» troisième année devrait s'ouvrir par 72,491 fr. 62 c., déboursés
» pour travaux, il faut ajouter que ce déboursé se trouvait en
» réalité atténué entre les mains de M. le gérant de toute l'im-
» portance des 50,000 fr. qu'il avait ainsi touchés dans ce
» deuxième exercice au moyen de l'emploi de valeurs sociales,
» en d'autres termes que le déboursé pour travaux se trouvait
» ramené en capital à 22,491 fr. 62 c., puisque, de plein droit, les
» 50,000 fr. auraient dû s'appliquer à l'amortissement des-
» dits 72,491 fr. 62 c. »

Ne suit-il pas de ces réflexions que le compte dressé par les
contredits n'est pas exact, puisqu'on est obligé de déclarer qu'un
chiffre de 72,491 fr. 62 c. n'est, en réalité, que de 22,491 fr. 62 c.
Est-ce là un compte dont se contenterait la justice, et sur lequel
elle pourrait prononcer ? Puis enfin, quand les actionnaires disent
que, de plein droit, les 50,000 fr. auraient dû s'appliquer à l'amortissement des travaux, n'est-ce pas positivement la destination
qui leur est donnée par le gérant, puisque le compte des travaux
se trouve diminué d'autant ? Et quand ils disent que le gérant a
compte à rendre de cette somme, ce compte ne se trouve-t-il
pas, par le crédit donné à la Société, immédiatement rendu ?

M. de la Touche intervient, et résumant dans un mémoire les
critiques des contredits, ajoute qu'il lui importe beaucoup que le
montant des délégations soit écarté du compte ; M. de la Touche
a reçu en nantissement, de M. Th. Bordillon, une somme de
41,600 fr. sur celle de 50,000 fr. due à ce dernier et à M. Chaley
par la Société, et payable après l'acquittement des deux premiers

capitaux ; les travaux et les 130,000 fr., les délégations étant admises dans le compte, il en résulte que leurs intérêts sont en partie payés à la charge de la Société, tandis que, d'après la sentence et l'arrêt, les intérêts des trois capitaux ne sont payés qu'après l'accomplissement des capitaux eux-mêmes ; or, il pourrait arriver que, par suite d'insuffisance d'actif de la Société, le dernier capital de 50,000 fr., ou ne serait pas payé, ou ne le serait qu'en partie ; dans ce cas, l'insuffisance d'actif, mais dans ce cas-là seulement, M. de Latouche éprouvait un préjudice par suite du paiement des intérêts sur les délégations, puisque le capital reçu par lui en garantie pourrait être diminué d'autant.

Mais, en acceptant ce nantissement, M. de la Touche savait qu'il ne pouvait avoir d'autres droits que ceux de son débiteur ; qu'il avait pour créancier la Société des Docks et Bassins ; que l'acte de Société donnait aux gérants le pouvoir de transporter des créances ; que les délégations critiquées aujourd'hui étaient faites longtemps avant son nantissement ; qui ne date que du 12 décembre 1847, et qu'enfin son intervention ne pouvait rien changer aux conventions intervenues entre les parties aux droits desquelles il se trouve ; c'était avant de faire ses avances qu'il devait examiner la valeur de la chose qui lui était donnée en gage et les chances auxquelles elle était soumise.

Pour répondre à un dernier argument, nous dirons que ces délégations ont si bien, aux termes de l'acte du 8 mai 1843, été employées à l'acquit des charges sociales, et non à payer les dettes personnelles des gérants, que ceux-ci sont, en dehors du compte de gérance, créanciers de la totalité des 130,000 fr. laissés à leur charge, sauf leur recours contre la Société.

Enfin, on invoque le jugement du 29 novembre 1853, pour trouver dans ses considérants une chose jugée, relativement à ces

54,400 fr. Nous n'avons pas partagé cette opinion, parce que le jugement frappé d'appel a bien été confirmé par la Cour, mais seulement quant à son dispositif.

L'arrêt, en effet, a de longs considérants dont le dernier s'exprime ainsi :

« Considérant qu'il n'a été définitivement statué sur aucune
» des questions litigieuses ; et que les droits des parties demeu-
» rent réservés sur toutes les difficultés qui les divisent. »

Et l'on n'y trouve point la formule usitée dans les confirmations pures et simples, adoptant au surplus les motifs des premiers juges. Nous avons donc pensé que le dispositif du jugement faisait seul la loi des parties ; il faut d'ailleurs remarquer que ces nouveaux considérants et le dernier surtout ont été rendus sur des conclusions conformes et expresses de M. Arnous-Rivière.

Nous avons cru devoir entrer dans tous ces développements sur cette question du procès, pour motiver notre opinion et pour répondre ainsi au vœu du Tribunal, et nous nous résumons en disant que, d'après tout ce que nous avons vu, les gérants avaient le pouvoir de faire les délégations ; que les sommes qui en ont été reçues ont eu primitivement pour emploi l'acquittement d'une partie des 130,000 fr., ce dont les actionnaires ont eu une parfaite connaissance, sans aucune réflexion ni protestation de leur part ; que, conformément au prescrit de la sentence et de l'arrêt, cette première destination leur a été retirée pour être portée à l'acquit non plus d'une dette devenue personnelle, mais d'une charge sociale, les travaux, ce qui résulte indépendamment de l'économie du compte, de ce fait que les 130,000 fr. sont dus entièrement aux gérants, en dehors de ce qui leur reste dû encore sur les travaux, malgré la destination nouvelle donnée aux délégations ; qu'enfin, le compte est impossible à rendre , si on ne fait pas emploi au profit de la Société des sommes effectivement reçues par les gérants et provenant des ressources sociales ; nous ajoutons que la Société ne perd rien, puisqu'on éteint avec des transports à 5 % des charges auxquelles il en est payé 6.

Nous ne ferons pas mention sur les autres exercices des contredits relatifs à cette affaire, puisque nous ne pourrions que nous répéter.

Nous avons rejeté du compte la huitième somme de 562 fr. 92 c. pour frais d'agio sur les billets Lotz, mais nous n'avons point fait le déclassement demandé par les contredits, des sommes payées à Lotz à titre d'avances, et nous les avons laissées aux frais généraux.

Voici ce qui a motivé notre opinion après l'examen que nous avons fait de toute cette affaire.

La Société des Docks et Bassins avait vendu à Lotz des terrains, moyennant la somme de 129,412 fr., payable dans dix ans, avec intérêts à 4 % l'an; mais elle s'engageait à prendre en paiement une maison que possédait l'acquéreur, dans la rue Deshoulières, pour la somme de 40,000 fr. ; elle s'engageait en même temps à ouvrir à M. Lotz un crédit de l'importance de ces 40,000 fr., dans lequel serait comprise une somme de 10,000 fr. due hypothécairement sur cette maison , de sorte que, pour remplir son engagement, il ne restait plus à la Société à payer à Lotz que 30,000 fr. ; c'est ce que les gérants ont fait, et dès le 1er juillet 1843 , ils ont commencé à faire leurs versements qu'ils ont continués successivement.

Il paraîtrait que, devant les arbitres de 1847 , cette opération avait été contestée, car la dernière disposition de la sentence est ainsi conçue :

« En troisième lieu, que les Administrateurs ont eu le droit de » prélever sur le prix de vente la somme de 30,000 fr. pour » la prêter à Lotz. »

Il résulte de cette disposition que, bien que ces paiements ne soient pas des frais généraux proprement dits, on peut les classer et surtout les laisser dans cette catégorie, puisque c'est une avance des gérants payable sur prix de vente.

Au début, les gérants, après avoir fait leur avance, avaient reçu de Lotz des billets qui ont été plusieurs fois renouvelés, et qui, en définitive, ont été éteints par eux le 9 avril et le 9 juillet 1845 ; ces renouvellements ont donné lieu à des agios que M. Arnous-Rivière a portés à tort au débit de la Société, puisque celle-ci lui tient compte des intérêts du capital, depuis le jour où les paiements à Lotz ont été faits, et c'est par une erreur d'appréciation du comptable que l'on a porté au débit du compte social au deuxième exercice les 562 fr. 92 c. ci-dessus, et au quatrième exercice, le 11 mars 1845, 261 fr. 67 c., pour agio et timbre à la négociation de 15,000 fr. de billets, et le 26 décembre de la même année, 1,093 fr. 73 c., pour agios divers au 29 février 1844, et 1,150 fr. 48 c., aussi pour agios divers au 31 mars 1845.

Ces trois dernières sommes devront être également exclues du compte, comme faisant double emploi avec l'intérêt payé par la Société ; ces rectifications n'ont pas été faites par Mᵉ TRÉMANT.

Quant aux 21,000 fr. portés en bloc à la date du 30 octobre 1843, ils ont réellement été payés les 1ᵉʳ, 15 et 25 juillet, 19 août, 22 et 25 septembre et 4 novembre 1843 ; nous avons fait

— 45 —

l'échéance commune de ces diverses époques, qui donne le
14 août, date à laquelle nous portons ce paiement.

Les contredits, et plus tard le mémoire de M. de la Touche,
demandent un compte spécial pour l'affaire Lotz, et prétendent
qu'il y a sur les livres deux comptes contradictoires et incom-
patibles entre eux ; on ajoute qu'on s'est procuré un troisième
compte arrêté au 4 juin 1847, qui diffère des deux précédents.

Il est évident que les auteurs des contredits et du mémoire
n'ont examiné ces comptes que légèrement, et en tous cas ne les
ont pas étudiés ;

Ils auraient sans cela reconnu qu'au f° 30 du grand livre,
il existait un compte dont ils ne parlent pas et qui établit la position
de Lotz, lequel est redevable de 129,416 fr., montant de son
acquisition ; qu'au f° 32, il avait été ouvert un compte :

« Lotz, notre compte d'avances. »

Lequel avait été annulé pour se reproduire au f° 55, sous le
titre de :

« Lotz, compte d'avances. »

Que ces deux derniers comptes, dont le premier d'ailleurs
est annulé et devient sans objet, ne diffèrent entre eux que par une
somme de 200 fr. portée à une date différente ; par l'agio de
562 fr. 92 c., qui ne figure pas sur le deuxième, et par un intérêt
de 6 fr. 55 c., qui n'a pas été porté sur le premier ; qu'il suffisait
d'un coup d'œil pour reconnaître cette différence, qui n'implique
pas contradiction, puisque le premier compte est entièrement
annulé.

Ils auraient vu enfin que l'extrait du compte qu'ils se sont procuré chez Lotz, soldait par 99 fr. 52 c., c'est-à-dire, exactement par la même somme qui figure au f° 64 du grand livre, à la date de l'arrêté de compte.

De plus, un examen attentif de ce compte les aurait conduit à signaler deux erreurs matérielles commises par le comptable de M. Arnous-Rivière dans la reddition de celui qui est aujourd'hui soumis à la justice.

On voit, en effet, en lisant le compte Lotz, au f° 55 du grand livre, qu'il a été payé à Lotz une somme de 200 fr. par l'acquit d'un bon Boujard, le 26 février 1844, suivant reçu en date du 23 du même mois, et que, d'un autre côté, M. Lotz a versé 2,000 fr., en une traite sur Carrette et Mainguet, à Paris, le 26 décembre de la même année; or, ces deux sommes ont été oubliées dans le compte rendu, la première au débit, la deuxième au crédit de la Société.

Nous les y rétablirons à leur date dans le troisième exercice.

Cette rectification n'a pas été faite non plus par M⁰ TRÉMANT.

En résumé, la comptabilité relativement à l'affaire Lotz est convenablement établie : au f° 30 du grand livre, on voit Lotz, débiteur de 129,416 fr. pour le montant de son acquisition, et au f° 64, de 10,580 fr. 44 c., pour les intérêts dont il est redevable, moins ceux qu'il a payés et les 10,000 fr. dont il crédite pour la cession de terrain qu'il a faite à la Société.

Au reste, ce n'est qu'après le 15 février 1851, que l'expropriation de la propriété de M. Lotz a eu lieu, et M. Arnous aura plus tard à rendre le compte définitif de cette affaire.

Ce qui importe jusque-là, c'est que la Société soit débitée de toutes les sommes payées à Lotz ou pour lui, et créditée de toutes celles qui en ont été reçues.

Nous avons rejeté la neuvième somme de 1,066 fr. 67 c. et la seizième de 631 fr. 77 c. pour escompte et négociations de billets des gérants à Haudaudine et à Méry, mais par des motifs autres que ceux qui sont longuement déduits dans les contredits.

On y motive en effet ces rejets sur ce fait, que le produit de ces billets aurait été employé à payer une partie de la dette de 130,000 fr.

Mais nous avons expliqué plus haut que, par suite des décisions judiciaires de 1847 et 1851, cette première destination lui avait été retirée pour le consacrer à l'acquit des charges sociales, puisque les 130,000 fr. sont dûs encore aujourd'hui en totalité par la Société aux gérants.

Nos motifs à nous ont été que le produit de ces billets n'ayant pas été, dans le compte rendu, porté au crédit de la Société, on ne peut pas lui en faire payer les intérêts, lesquels feraient naturellement double emploi avec ceux qu'elle paie aux gérants pour leurs avances.

Nous avons admis la dixième somme de 15 fr., pour frais de voyage à Angers. Il n'est pas possible d'avoir de pièces pour de pareilles dépenses.

On lit au journal, f° 20 :

« Frais généraux, 15 fr. à caisse comptés à notre sieur Arnous-
» Rivière, pour remboursement de ses frais de voyage à Angers,
» le 14 octobre dernier. »

L'inscription contemporaine de cette dépense sur les livres mis le 15 mars 1844, sous les yeux des intéressés, nous a paru une justification suffisante.

Nous avons rejeté la quatrième somme de 30 fr. 20 c., pour frais de main-levée de la créance Fontenilliat, parce que ce sont des frais qui, d'après le traité du 24 mai 1843, restaient à la charge personnelle de MM. Arnous-Rivière et Carié.

Mais nous avons admis la douzième de 550 fr. 10 c., la treizième de 1,570 fr. 80 c. et la quinzième de 1,236 fr. 25 c.

Les 550 fr. 10 c. sont les frais de dépôt de l'expédition de l'acte de Société par actions.

Nous n'avons point trouvé de note détaillée de ces frais, mais on voit au f° 21 du livre journal qu'il en a été tenu compte au notaire Bretonnière, qui en est débité, et comme celui-ci en crédite la Société sur ses livres, ce dont nous nous sommes assuré au cabinet de la liquidation Carié, grand livre, f° 412, il en résulte que cette double opération vaut quittance.

Dans les contredits, il est exprimé qu'on devrait prouver par le livre de caisse des gérants que le déboursé effectif et intégral a été effectué, et par le livre de caisse de Bretonnière, qu'il a été intégralement reçu.

Mais la Société des Docks et Bassins n'avait pas de livre de caisse qui était remplacé par le compte « caisse » ouvert au grand livre, f°ˢ 7, 27, 50 et 58. D'ailleurs, si les contredits ou cette partie des contredits avait été rédigée par un comptable, il se serait aperçu en lisant les livres, qu'y eût-il eu un livre de caisse, qu'il n'y avait pas lieu d'y faire figurer cette somme, qui était payée en compte. Et si, de la part du notaire, il avait été fait une remise, elle ne pourrait figurer que dans le compte ouvert à Bretonnière ; mais rien n'autorise à penser qu'une telle remise a été consentie ; il faudrait la prouver.

Les 1,570 fr. 80 c. sont un supplément de frais à l'échange avec Lotz. Ils figurent au même article que la précédente somme et se trouvent dans les mêmes conditions. Ils devaient être payés par la Société, les acquéreurs n'étant engagés à payer les frais que jusqu'à concurrence de 5,000 fr., qu'ils ont en effet acquittés.

Les 1,236 fr. 25 c. font partie de la somme de 1,681 fr. 74 c.; ils figurent également au même article que les deux sommes précédentes et sont aussi dans les mêmes conditions. Ils se composent de 1,092 fr. 50 c., pour transport à Haranchipy de 50,000 fr. sur la créance Lotz ; de 131 fr. 30 c., pour transport à Deruays de la créance Guicheteau, et de 12 fr. 45 c., pour acceptation par Lotz de la délégation Haranchipy.

Ces trois sommes sont rejetées dans les contredits, parce que les délégations auraient servi à payer une dette personnelle du gérant : nous les avons admises, par suite de l'opinion que nous avons déjà mise au sujet des délégations elles-mêmes et de leurs intérêts. Nous ne pourrions ici que nous répéter.

Les 445 fr. 49 c. portés au même article du journal, pour deux autres transports et divers frais, et complétant les 1,681 fr. 74 c., ne sont pas contestés.

Nous avons rejeté la dix-septième somme de 250 fr. pour remboursement d'impôts. Nous nous sommes assuré par le journal, f⁰ˢ 10, 26 et 27, qu'en effet, il y avait double emploi avec la même somme payée le 18 février 1843.

Enfin, nous avons mis au rang des ventes de terrains les 11,500 fr. reçus de Pelloutier, au lieu de les placer parmi les revenus et produits, en faisant remarquer, toutefois, que cette classification ne change en rien l'économie du compte.

Nota.

—

En relisant le compte que nous venons d'établir, nous nous apercevons qu'involontairement nous avons placé ces 11,500 fr. parmi les revenus et produits ; mais, comme nous venons de le dire, l'économie du compte n'en est pas changée.

Les 93,415 fr. 55 c. de recettes restent les mêmes. On peut lire seulement, pour le montant des revenus et produits, 915 fr. 55 c., au lieu de 12,415 fr. 55 c., et le surplus en vente de terrains et délégation.

Au reste, nous le répétons, le déclassement demandé est sans portée, puisque, contrairement à ce qu'on lit dans les contredits, les commissions et intérêts ne peuvent, dans aucun cas, être payés avant les trois capitaux, et que les recettes, de quelque source qu'elles proviennent, doivent tout d'abord être affectées à payer ces capitaux, après l'acquittement des frais généraux.

TROISIÈME ANNÉE. — 1844 A 1845.

DATES.		DÉPENSES.	FRAIS GÉNÉRAUX.	TRAVAUX.	COMMISSIONS.	INTÉRÊTS.	JOURS.	NOMBRES.
1844.		Report de l'exercice précédent, valeur au 15 février 1844..	» »	51345 81	2427 15	5351 69	365	215806
Février...	16	Payé à Bordillon, pour solde des travaux de janvier............		325 41			364	1183
	17	Timbres de remises de Chalcy et Bordillon................	29 »				363	105
	26	Payé à Rongeard, pour compte Lotz...................	200 »				354	708
Mars.....	11	Do à Bordillon, à valoir à ses travaux....................		2050 »			341	6990
	14	Do d.................		300 »			338	1014
	16	Do au même, solde des travaux de février................		1384 40			336	4650
	23	Do à Duc, huissier, pour notification..............	13 21				329	43
	25	Do à Richard, afficheur..................	1 50				327	3
Avril....	2	Do à Bordillon...................		1000 »			319	3190
	6	Do au même..................		3000 »			315	9450
	11	Do au même...................		200 »			310	620
	15	Do au même..................		1000 »			306	3060
	15	Do pour 3 timbres................	1 95				306	6
	17	Do à Mlle Raboteau, pour intérêts sur la délégation Bougeard..	119 45				304	362
	20	Do à Bosquet, pour intérêts (6 mois).................	250 »				301	752
	23	Do à Bordillon, pour travaux.................		29 68			298	89
Mai.....	4	Do à Brelet, pour location d'une case.................	165 »				287	474
	6	Do à Bertreux, pour bonification d'intérêts..............	28 72				285	83
	11	Do à Bordillon, pour travaux.................		1500 »			280	4200
	13	Do au même.................		1500 »			278	4170
	18	Do à Bretonnière, pour frais d'étude, affaire Pelloutier........	552 »				273	1507
	22	Do à Charpentier, pour impressions..................	48 »				269	129
	30	Do à Gouin, avoué, pour frais, affaire Vannier..............	157 47				261	410
	31	Do à Bordillon, pour travaux..................		500 »			260	1300
Juin.....	1	Do au même..................		184 »			259	477
	1	Do pour la moitié des frais d'arbitrages, concession Pelloutier..	386 60				259	1002
	10	Do à Bordillon, pour travaux..................		3000 »			250	7500
	14	Do au même..................		101 60			246	251
	29	Do à Taillet, pour règlement des travaux de novembre et décembre.................		1503 99			231	2435
	29	Do à Bordillon..................		600 »			231	1386
	29	Do à Taillet, pour solde des travaux de novembre et décembre.		400 »			231	924
Juillet....	1	Do à Haranchipy, pour intérêts..................	1250 »				229	2862
	6	Do pour contribution de la prairie................	246 09				224	551
	6	Do à Mellinet, pour placards..................	10 »				224	22
	16	Do à Bordillon, pour batardeau..................		1000 »			214	2140
Août.....	1	Do pour contribution, maison rue Deshoulières............	81 44				198	160
	7	Do pour souscription aux fêtes d'assemblée.............	10 »				192	19
	14	Do à la compagnie la Bretagne, pour assurance............	15 60				185	30
	14	Do à Bordillon, à valoir aux travaux.................		280 »			185	518
	17	Do à Pedu, pour compte de Bordillon.................		1000 »			182	1820
	27	Do à Marcellin, menuisier, pour réparations à la maison rue Deshoulières..................	256 »				172	440
Septembre	4	Do à Julien Duché et Demilly, pour réparations à la maison rue Deshoulières.................	766 45				164	1256
		A reporter.................	4588 48	71754 89	2427 15	5351 69		284108

DATES.		DÉPENSES.	FRAIS GÉNÉRAUX.	TRAVAUX.	COMMISSIONS.	INTÉRÊTS.	JOURS.	NOMBRES.
1844.		Report............	4588 48	71754 89	2427 15	5351 69	»	284108
Septembre	7	Payé à Perraudeau, pour travaux.........		5000 »			161	8050
	9	Dº pour acquit d'un bon de T. Bordillon.............		5000 »			159	7950
	10	Dº à Bordillon, son mandat............		5000 »			158	7900
	18	Dº au même, son mandat............		5000 »			150	7500
Octobre..	3	Dº pour deux torches à brai, pour éclairage............		2 »			135	3
	10	Dº à François, avoué, pour affaire Vannier............	241 53				128	310
	10	Dº à Bouchet, charpentier, pour réparations, maison rue Deshoulières...........	461 22				128	590
	12	Dº à François, avoué, frais d'appel, affaire Vannier...........	30 57				126	39
	15	Dº affranchissement de lettres pour Redon............	» 90				133	1
	16	Dº à Bernard, pour 6 mois d'intérêts............	250 »				122	305
	22	Dº à Perraudeau, à valoir à ses travaux............		10000 »			116	11600
	24	Dº à Roy, peintre, pour la maison rue Deshoulières.........	114 69				114	131
	29	Dº à Pincé, marbrier, pour même cause............	36 »				109	39
	29	Dº port d'une lettre de Redon............	» 30				109	»
	30	Dº pour contribution, maison rue Deshoulières............	81 44				108	87
	31	Dº à François, avoué, pour frais, affaire Vannier............	128 44				107	137
Novembre.	7	Dº à Bordillon, à valoir............		7000 »			100	7000
	7	Dº achat de coton pour les dragues............		5 40			100	5
	7	Dº à Boujard, pour fournitures de vin et d'eau-de-vie............		40 80			100	41
	7	Dº pour timbres, un décimètre et crayons............	3 70				100	4
	9	Dº à Moussin, chauffeur, pour journées............		39 »			98	38
	9	Dº à Bellet, chauffeur, pour journées............		70 50			98	69
	11	Dº à Moussin, chauffeur, pour journées............		27 »			96	26
	11	Dº pour frais de transport de machines............		160 »			96	154
	12	Dº à Bellet, chauffeur, pour journées............		33 »			95	31
	13	Dº aux chauffeurs, pour fournitures............		144 55			94	136
	13	Dº à Lotz, pour fournitures diverses............		2520 »			94	2369
	28	Dº à Etienne, pour fournitures d'huile............		101 09			79	80
Décembre.	11	Dº à Perraudeau, à valoir à ses travaux............		6000 »			66	3960
	12	Dº à Bosquet, pour intérêts sur délégations............	250 »				65	163
	17	Dº à Ballu, pour fourniture de plomb............	132 »				60	79
	20	Dº à Perraudeau, à valoir à ses travaux............		5922 75			57	3375
	23	Dº à Guilbaud, pour travaux à la maison rue Deshoulières....	177 10				54	96
	26	Dº à Haranchipy, pour intérêts............	1250 »				51	638
	28	Dº à veuve Raffin, pour fourniture de cordages............		24 »			49	12
1845. Janvier...	3	Dº à Etienne, pour fourniture d'huile............		13 »			43	6
	11	Dº à Perraudeau, à valoir à ses travaux............		5924 »			35	2073
	15	Dº à Lotz, pour 12 litres de vin............		5 40			31	2
	22	Dº à Bouvier, couvreur, pour réparations à la maison rue Deshoulières...........	13 32				24	3
	22	Dº à Marcellin, menuisier, pour mêmes réparations............	94 59				24	23
	23	Dº à Gouin, avoué, pour frais d'actes sous seings privés......	8 31				23	2
	23	Dº à Roy, peintre, pour réparations à la maison rue Deshoulières...........	30 50				23	7
	25	Dº un bon Bordillon............		4300 »			21	903
Février...	5	Dº à Perraudeau, à valoir à ses travaux............		9767 11			10	977
	10	Dº port d'une boîte envoyée à Paris............	» 85				5	»
	10	Dº à Demilly, serrurier, pour solde............	31 »				5	2
		Montant des frais généraux, 7,792 fr. 94 c.; montant des travaux, 143,946 fr. 49 c., ci............	7792 94	143986 49	2427 15	5351 69		351014

DATES.	RECETTES.		FRAIS GÉNÉRAUX.	TRAVAUX.	COMMISSIONS.	INTÉRÊTS.	JOURS.	NOMBRES.
1844.	Report.................		7792 94	143986 49	2427 15	5351 69		
Juin..... 1	Intérêts reçus de Pelloutier, sur la concession de prise d'eau...........	205 76					259	534
2	Reçu de Vannier, pour 6 mois d'intérêts...........	176 40					258	454
Juillet.... 11	Do de Kersabiec, pour solde de la location de chantiers...........	450 »					219	986
Décembre. 20	Do de Guicheteau, pour six mois d'intérêts sur 4,500.	112 50					57	64
1845 Janv. 5	Do de Lotz, en un effet sur Paris...............	2000 »					41	820
6	Do de Clisson, pour six mois de loyer, maison rue Deshoulières...............	750 »					40	300
Février... 10	Do de veuve Mahaud, pour bonification d'intérêts..	28 »					5	1
10	Do de Guicheteau, pour intérêts...............	168 »					5	8
1844.	Revenus et produits...............	3890 66						
Mai..... 6	Do de Sérault, pour solde de la vente Bertreux....	4700 »					285	13395
Juin..... 1	Do de Pelloutier, pour solde de la concession de prise d'eau...............	980 »					259	2538
1845. Février. 10	Do de Guicheteau, pour solde...............	800 »					5	40
10	Do de veuve Mahaud, pour cession de la créance Lelièvre...............	3300 »					5	165
1844.	**Appel de Fonds.**							
Février... 29	Négociation des remises Chaley, Taillet et Bordillon..	57428 37					352	202147
29	Versement de Arnous-Rivière...............	8333 33					352	29332
29	Versement de Carié...............	8333 33					352	29332
	Montant des recettes, 87,765 fr. 69 c., ci....	87765 69						280116
	Le montant des recettes est de 87,765 fr. 69 c.; et, sous la réduction de 74,095 f. 03 c., pour appel de fonds, de.	13670 66						
	Celui des frais généraux est de...............	7792 94						
	Celui des travaux est de...............	92640 66						
	Soit ensemble...............	114104 28						
	Sur lesquels il revient, à partir de cette année, aux gérants, une commission de 4 %, soit...............	....			4564 17			
	Les nombres du débit sont...............	351014 »						
	Ceux du crédit sont de...............	280116 »						
	Il en résulte une balance de...........	70898 »						
	Qui, à 6 %, donne en intérêts...............	....				1181 63		
	Report des intérêts sur les 180,000 fr...............	15652 80						
	Intérêts d'un an sur le solde, à 5 %...............	782 64						
	Intérêts d'un an sur 130,000 fr., à 5 %...............	6500 »						
	Intérêts d'un an, à 5 %, sur 50,000 fr...............	2500 »						
	Ensemble...............	25435 44						
	A reporter...........		7792 94	143986 49	5991 32	6533 32		

DATES.	RECETTES.	FRAIS GÉNÉRAUX.	TRAVAUX.	COMMISSIONS.	INTÉRÊTS.	JOURS.	AUGMBRES.
	Report................	7792 94	143986 49	6991 32	6533 32		
	Les recettes étant de 87,765 fr. 69 c., doivent absorber les frais généraux montant à 7,792 fr. 94 c. ; et, avec le solde de 79,972 fr. 75 c., diminuer d'autant le compte des travaux..................	7792 94	79972 75				
	Et il reste dû, aux travaux, 64,013 fr. 74 c.; aux commissions, 6,991 fr. 32 c.; aux intérêts, 6,533 fr. 32 c.; soit ensemble, 77,538 fr. 38 c. ; plus, 25,435 fr. 44 c. pour intérêts sur les 180,000 francs à reporter à l'exercice suivant........................	» »	64013 74	6991 32	6533 32		

Sur le compte de cette troisième année, MM. G. Bordillon et consorts rejettent dans leurs contredits :

1° 22 fr. 95 c. frais de passage du commis Brunellière ;

2° 119 45 paiement à Mlle Raboteau d'intérêts sur la délégation Boujard ;

3° 200 » deux fois sur les deux sommes de 250 fr. payées pendant cet exercice à Bousquet, pour intérêts sur la délégation de 10,000 fr. qui lui a été faite sur la créance Lotz ;

4° 552 » frais d'étude à Bretonnière , pour la vente à Pelloutier ;

5° 157 47 paiement à Gouin, avoué, pour frais, procès Vannier ;

6° 386 60 paiement à Pelloutier, pour la moitié des frais d'arbitrage ;

7° 653 89 agio au renouvellement des 26,000 fr. de billets ;

8° 241 53 paiement à Me François , avoué , affaire Vannier ;

9° 30 57 paiement au même, pour la même cause ;

10° 128 44 paiement au même, pour la même cause ;

11° 3 » pour crayons ;

12° 10fr. » c. pour achat de timbre;
13° 522 78   pour escompte de renouvellement de billets, Haudaudine;
14° 267 78   pour renouvellement de billets Méry;
15° 4 »   pour timbre de deux mandats;
16° 8 »   pour timbre de 16,000 fr.;
17° 420 44   pour intérêts de renouvellement de 16,000 fr.;
18° » 85   pour port d'une boîte à Paris;
19° 17 »   pour achat de timbre.

La première somme a été rejetée par les motifs déduits au premier exercice.

Nous avons admis la deuxième somme de 119 fr. 45 c., pour paiement d'intérêts à Mlle Raboteau, sur la délégation Boujard, parce que, à défaut de ce dernier, il fallait bien que les gérants payassent l'intérêt de la somme déléguée.

Sans doute, il eût mieux valu que ce fût Boujard qui eût payé ces intérêts, qui étaient sa dette; mais du moment qu'il ne le faisait pas, la Société était bien obligée de s'exécuter.

Un terrain avait été vendu à Boujard; tout ce qui a été reçu en capital et intérêts doit figurer au crédit de la Société, qui doit être débitée de tout ce qui a été payé à cette occasion.

Nous avons admis en entier la troisième somme de 250 fr. payée à Boujard, pour six mois d'intérêts. M. Bousquet était délégataire d'une somme de 10,000 fr. sur la créance Lotz; les intérêts étaient, sur la délégation, stipulés à 5 °/₀, et il fallait bien les lui payer.

On dit dans les contredits que M. Lotz, payant à 4 °/₀, la Société

n'avait, en réalité, que 1 °/₀ à payer, et on conclut de là, qu'à
chaque semestre dû à Bousquet, on ne devrait porter en compte
que 50 fr. au lieu de 250 fr., et l'on ajoute que la bonne règle
de la comptabilité commandait de procéder ainsi.

C'est, selon nous, une erreur ; la comptabilité ne peut pas
toujours se soumettre aux droits ni aux principes , il faut avant
tout qu'elle se soumette aux faits.

Ainsi, tous les six mois , les gérants payaient à Bousquet une
somme de 250 fr. , la comptabilité devait le constater.

En droit, Lotz aurait dû payer à chaque semestre l'intérêt à
4 °/₀, soit 200 fr. Mais il ne le faisait pas, la comptabilité ne
pouvait donc rien constater.

Nous n'avons pas bien compris la portée de ce contredit,
car les actionnaires qui ont eu les livres à leur disposition, et qui
ont pris même une copie du livre journal, savent que Lotz ne
payait pas les intérêts, et que, tous les ans, il était débité du
montant de ces intérêts, soit 5,176 fr. 64 c., représentant les
4 °/₀ sur son acquisition de 129,416 fr.

Comment pouvait-il alors payer l'intérêt des délégations par-
tielles , puisqu'il était débité du tout.

Sans doute, il eût mieux valu que Lotz eût payé régulièrement,
et sans doute aussi les gérants eussent préféré qu'il en fût ainsi,
et que tous les six mois , ou tous les ans, ces intérêts eussent
été acquittés, au lieu d'avoir à en débiter M. Lotz ou à en
recevoir quelques acomptes ; mais si cela n'a pas eu lieu ainsi,
c'est qu'apparemment cela n'était pas possible, puisque, plus tard,
M. Lotz a été exproprié pour faute de paiement de ces mêmes
intérêts.

Ou ajoute que, payant d'un côté des intérêts portés en dépense, et recevant d'un autre côté tout ou partie de ces intérêts, en crédit ou en argent porté en recette, ce sont deux opérations qui donnent lieu chacune à une perception de commission ; mais on ne peut pas faire qu'il n'y ait pas une dépense et une recette, et que, d'après les conventions intervenues entre les parties, il n'y ait droit à une commission sur chacune des sommes réellement reçues ou dépensées.

Nous avons donc pensé que l'article en question a été porté tel qu'il devait l'être, qu'on ne pouvait agir autrement et qu'on devait le maintenir.

Nous ne reviendrons plus, pour ne pas nous répéter, sur cette partie des contredits renouvelée dans tous les exercices qui vont suivre.

Nous avons admis la quatrième somme de 552 fr. au débit de la Société en dépenses, et maintenu aux recettes, en leur entier, les 1,185 fr. 76 c. reçus de Pelloutier, à savoir :

980 fr. pour solde de prix, et 205 fr. 76 c., pour intérêts.

Ces 552 fr. sont la moitié des frais de dépôt d'une sentence arbitrale et des frais de vente à M. Pelloutier d'un terrain pour un canal.

Les actionnaires demandent qu'ils soient rejetés ou plutôt déduits du montant de la vente, afin d'éviter sur cette somme une double commission.

Mais, ainsi que nous l'avons exprimé au précédent exercice pour les frais de la vente Cardinal, et contrairement à l'opinion de M° **TRÉMANT**, nous ne pensons pas qu'il en doive être ainsi :

En effet, il a été vendu à M. Pelloutier pour 12,480 fr. de terrains, qui ont été payés les 6 février et 1ᵉʳ juin 1844.

La comptabilité doit le faire reconnaître et faire ressortir chacun des paiements faits par l'acheteur : la moitié des frais était à la charge de la Société, le compte doit mentionner sa libération à ce sujet ; il faut donc que chacune de ces opérations soit constatée ; sans cela, la vérification devient plus difficile et l'on est exposé à des erreurs dans lesquelles tombent les contredits eux-mêmes, en oubliant de déduire, dans leur système, ces frais de la somme totale de Pelloutier.

Nous avons admis la cinquième somme de 157 fr. 47 c., la huitième de 241 fr. 53 c., la neuvième de 30 fr. 57 c., et la dixième de 128 fr. 44 c., pour paiements à Gouin et François, avoués, pour frais dans l'affaire Vannier.

Ces diverses sommes sont rejetées dans les contredits, parce que, selon les actionnaires, le procès Vannier constitue de la part des gérants une faute lourde, et que, conséquemment, les frais doivent rester à leur compte personnel.

Mais, outre que l'application de la faute de la part du mandant ou mandataire est de droit rigoureux, rien ne nous a démontré qu'il y eût, dans cette affaire, faute des gérants, qui défendaient à une demande qui leur paraissait exorbitante, et qui a, en effet, été préjudiciable à la Société.

Ils ont perdu en première instance et en appel ; mais il suffit de lire le jugement et ses longs considérants pour s'assurer que le droit de Vannier n'était pas si clairement établi qu'on ne pût le discuter, puisqu'il s'agissait entre autres choses d'une condition un peu obscure du contrat de vente interprétée en vertu de l'article 1,602 du Code Napoléon, contre la Société qui avait vendu.

Nous avons donc pensé, à la lecture des pièces, que les gérants ne pouvaient pas être accusés de faute pour une semblable affaire, dans laquelle ils n'avaient fait que remplir leur mandat dans l'intérêt de la Société.

Nous avons admis la sixième somme de 386 fr. 60 c., qui a été payée par M. Carié à Pelloutier, le 1er juin 1844, suivant son livre journal, fº 708.

Elle se compose de 310 fr. 40 c., moitié des frais payés à Nau et Maisonneuve, pour un premier arbitrage; de 51 fr. 20 c., payés aux mêmes, pour un second arbitrage; de 25 fr., pour moitié de l'enregistrement d'un acte relatif au canal; le tout suivant note fournie par M. Pelloutier, qui reconnaît en avoir reçu le montant.

Nous avons rejeté la septième somme de 653 fr. 89 c. et la treizième de 522 fr. 78 c., la quatorzième de 267 fr. 78 c., et la dix-septième de 420 fr. 44 c.

Ces diverses sommes sont des intérêts de renouvellement de billets Méry et de Haudaudine.

Nous les rejetons, par les motifs que nous avons déjà développés au précédent exercice; et, sans nous arrêter au dispositif du juge-ment du 29 août 1845, dans l'affaire Haudaudine, surtout par cette considération que le produit de ces billets n'étant pas

— 60 —

porté au crédit de la Société, celle-ci ne peut pas en payer les
intérêts, qui feraient double emploi avec ceux qu'elle paie déjà
sur les avances des gérants.

Nous avons admis la onzième somme de 3 fr., et la dix-huitième
de 85 c. Ce sont des frais de fournitures sur lesquelles nous nous
sommes déjà expliqué au précédent exercice.

Nous avons rejeté la douzième somme de 10 fr., la quinzième
de 4 fr., la seizième de 8 fr., et la dix-neuvième de 17 fr. Ce
sont des prix de timbres pour les billets Méry et Haudaudine, qui
doivent être rejetés comme les intérêts, et des achats de papier
timbré dont l'emploi n'est pas justifié pour la Société. Enfin, ainsi
que nous l'avons dit dans nos réflexions sur l'affaire Lotz au
précédent compte, nous avons, dans celui-ci, débité la Société de
200 fr., payés pour compte Lotz, le 26 février 1844, et l'avons
crédité de 2,000 fr., pour la remise de ce dernier sur Paris au
5 janvier 1845.

QUATRIÈME ANNÉE. — 1845 A 1846.

DATES.	DÉPENSES.	FRAIS GÉNÉRAUX.	TRAVAUX.	COMMISSIONS.	INTÉRÊTS.	JOURS.	NOMBRES.
1845.	Report de l'exercice précédent, valeur au 15 février 1845..	» »	64013 74	6991 32	6533 32	365	2830…
Mars.... 8	Frais d'un voyage à Paris	540 »				344	18…
10	Payé à Bretonnière, pour frais d'étude pour la Société	229 89				342	…
11	Do pour contribution Lotz, 1844	103 26				341	…
11	Do do 1845	165 07				341	…
11	Do à Pelloutier, montant d'une facture de charbon		2271 25			341	72…
14	Do pour achat d'un plan de Nantes	2 »				338	
17	Do à Beuchet et Clisson, pour réparations à la maison rue Deshoulières	46 50				335	
21	Do à Duhoux, pour acquit d'une facture de chaux livrée à Perraudeau		1395 85			331	4…
21	Timbre de devis de travaux	3 20				331	
	A reporter	1089 92	67680 84	6991 32	6533 32		2991…

DATES.	DÉPENSES.	FRAIS GÉNÉRAUX.	TRAVAUX.	COMMISSIONS.	INTÉRÊTS.	JOURS.	NOMBRES.
1845.	Report	1089 92	67680 84	6991 32	6533 32		299112
Mars 21	Affranchissement de lettres, pour Bignon et Billouet	3 50				331	13
21	Payé à Forest, pour un copie de lettre	4 50				331	17
21	Do à Dusouchay, pour papier	4 40				331	13
24	Do à Crouan, pour fourniture de suif		68 44			328	223
Avril 14	Do à Bousquet, pour un semestre d'intérêts	250 »				307	768
19	Do à Bernard, pour un semestre d'intérêts	250 »				302	755
Mai 9	Do pour contribution	124 »				282	350
13	Do pour prime d'assurance	11 »				278	31
23	Estimation de foin pour la récolte de 1845	5 »				268	13
31	Payé à Perraudeau, pour batardeau sur le terrain Blanchard		206 15			260	536
Juin 22	Do à Gilet, jardinier, pour fournitures de platanes		14 »			238	33
25	Do à Mongin, notaire, pour expédition du contrat Lotz	26 60				235	63
25	Do pour un port de lettre	» 30				235	1
Juillet 1	Do à Haranchipy, pour un semestre d'intérêts	1250 »				229	2863
1	Do à Clisson, pour travaux à la maison rue Deshoulières	44 50				229	103
1	Do à Riom, ferblantier, pour la même cause	58 50				229	135
5	Do port d'une lettre de Redon	» 30				225	1
9	Do à Jamet et Vauloup, pour tuyaux de plomb		1452 64			221	3211
Septembre 6	Do à Nau, architecte, pour travaux à la maison rue Deshoulières	140 99				162	228
27	Do à Brac, pour travaux, suivant note de M. Soudée		107 04			141	151
Octobre 10	Do à Gouin, avoué, pour frais, affaire Vannier	119 78				128	154
Novembre 4	Do à Martinetti, peintre, pour la maison rue Deshoulières	9 50				103	10
25	Do à Gâche, pour la moitié d'une machine à vapeur, en capital et intérêts		5128 45			82	4205
Décembre 26	Do à Perraudeau, à valoir à ses approvisionnements		2500 »			51	1275
	Montant des frais généraux, 3,392 fr. 79 c. ; montant des travaux, 77,157 fr. 56 c., ci	3392 79	77157 56	6991 32	6533 32		314264

RECETTES.

DATES.	RECETTES.	FRAIS GÉNÉRAUX.	TRAVAUX.	COMMISSIONS.	INTÉRÊTS.	JOURS.	NOMBRES.
Avril 30	Reçu pour vente de suif et de bitord	62 10				291	180
Mai 14	Do de Vannier, pour six mois d'intérêts	176 40				277	488
25	Do de Brelet, à valoir à la récolte de foin	55 »				266	146
28	Do de Boujard, pour intérêts	21 90				263	58
Juillet 1	Do de Clisson, pour six mois de loyer de la maison rue Deshoulières	750 »				229	1718
1846. 5	Do de Vannier, pour six mois d'intérêts	176 40				225	396
Février 15	Do de Clisson, pour six mois de loyer, maison rue Deshoulières	750 »				»	»
15	Do de Brelet, à valoir au loyer des pâturages	20 »				»	»
	Montant des recettes, 2,011 fr. 80 c., ci	2011 80					2986
	A reporter	3392 79	77157 56	6991 32	6533 32		

DATES.	RECETTES.		FRAIS GÉNÉRAUX.	TRAVAUX.	COMMISSIONS.	INTÉRÊTS.	JOURS.	NOMBRES.
	Report...............		3392 79	77157 56	6991 32	6533 32		
	Le montant des recettes est de....................	2011 80						
	Celui des frais généraux est de....................	3392 79						
	Celui des travaux est de........................	13143 82						
	Soit ensemble........	18548 41						
	Sur lesquels il revient aux gérants une commission de 4 %, soit..............................	....			741 94			
	Les nombres du débit étant de....................	314264 »						
	Ceux du crédit sont de........................	2986 »						
	Il en résulte une balance de..........	311278 »						
	Qui, à 6 %, donne en intérêts.	....				5187 97		
	Report des intérêts sur les 180,000 fr...............	25435 44						
	Intérêts d'un an sur 130,000 à 5 %...............	6500 »						
	Intérêts d'un an sur le solde de 180,000 fr. à 5 %....	1271 77						
	Intérêts d'un an sur 50,000 fr. à 5 %...............	2500 »						
	Ensemble....................	35707 21						
	Les recettes étant de 2,011 fr. 80 c., doivent diminuer d'autant les frais généraux..		2011 80					
	Et il reste dû aux frais généraux, 1,380 fr. 99 c.; aux travaux, 77,157 fr. 56 c.; aux commissions, 7,733 fr. 26 c.; aux intérêts, 11,721 fr. 29 c.; soit ensemble 97,993 fr. 10 c., plus, 35,707 fr. 21 c., pour intérêts sur les 180,000 f., à reporter à l'exercice suivant.		1380 99	77157 56	7733 26	11721 29		

Sur le compte de cette quatrième année, MM. G. Bordillon et consorts rejettent dans leurs contredits :

1°   604fr. » c. faisant partie d'une somme de 833 fr. 89 c., paiement à Bretonnière, pour frais d'étude ;

2°   261 67 pour agio et timbre à la négociation de 150,000 fr. de billets Lotz ;

3°   2 » pour un achat d'un plan de Nantes ;

4°   4 50 pour un achat d'un copie de lettres ;

5°   4 fr. 40 c. pour achat de papier ;

6°   60   »   timbre et frais relatifs à un prêt de 20,000 fr.
                     de Arnous-Rivière ;

7°   52   »   pour timbre à 104,000 fr. de billets ;

8°   26   60   pour expédition du contrat Lotz, chez Mongin,
                     notaire ;

9°   287   66   paiement à Gouin, avoué, pour frais, affaires
                     Vannier, Méry et Haudaudine ;

10°   346   26   paiement à Gouin, avoué, pour frais, affaires
                     Méry, Gâche et Haudaudine ;

11°   138   90   paiement à Verne, avoué, frais, affaire Gâche ;

12° 1,093   73   payés pour agio et timbre de 30,000 fr., des
                     billets Lotz ;

13° 1,150   48   payés pour la même cause ;

14°   61   17   paiement à Brindejonc, avoué, pour frais,
                     affaire Gâche ;

15° 1,395   85   paiement à Duhoux, pour acquit d'une facture
                     de chaux.

Ils demandent, en outre, le déclassement des trois sommes ci-
après portées dans le compte aux travaux, et qu'ils prétendent
devoir être portées aux frais généraux.

Ce sont 206 fr. 15 c., pour un batardeau, 14 fr. pour des
achats de platanes.

Et 107 fr. 04 c, pour divers terrassements.

Enfin, sur la somme de 5,201 fr. 08 c., pour paiement à Gâche
pour la moitié d'une machine, en capital, intérêts et frais, ils
rejettent 201 fr. 08 c.

Nous avons rejeté du compte la première somme de 604 fr.,

ainsi que le demandent les contredits, parce que ce sont des frais de transports relatifs à la créance Millerot, qui fait partie des 130,000 fr., et que ces frais, aux termes du traité du 24 mai 1843, et des décisions judiciaires, restent essentiellement au compte personnel des gérants.

Nous n'avons maintenu au débit de la Société que 229 fr. 89 c. pour divers frais de compromis, de placard, d'insertions, d'expéditions d'actes et de transport d'une créance sociale, non contestés d'ailleurs par les actionnaires.

Nous avons rejeté la deuxième somme de 261 fr. 67 c., la douzième de 1,093 fr. 73 c., et la treizième de 1,150 fr. 48 c. pour divers agios relatifs à des billets Lotz.

Nous avons déjà motivé ce rejet à l'article Lotz de la deuxième année et démontré que ces agios feraient double emploi avec l'intérêt payé par la Société sur les avances des gérants. Nous n'y reviendrons pas.

Nous avons admis la troisième, la quatrième et la cinquième somme de 2 fr., 4 fr. 50 c. et 4 fr. 40 c.; ce sont un plan de Nantes, qui devait être nécessaire à la Société, et des fournitures de bureau et de registres sur lesquelles nous nous sommes déjà expliqué.

Nous avons rejeté la sixième somme de 60 fr., et la septième de 52 fr.

Ce sont des frais à une avance de 20,000 fr. faite par M. Arnous-Rivière, qui se confondent naturellement avec les intérêts qui lui sont payés, et les timbres de 104,000 fr. de billets qui ont été annulés et sont restés sans objet.

Nous avons admis la huitième somme de 26 fr. 60 c., pour expédition du contrat Lotz. Il n'y a pas de pièce à l'appui de cette dépense, mais son inscription au livre journal, f° 45, à la date du 25 mai 1845, nous a paru une justification suffisante, et d'ailleurs nous nous sommes assuré chez Mᵉ MONGIN que cette somme lui avait bien été comptée.

Sur la neuvième somme de 287 fr. 66 c., nous avons rejeté celle de 167 fr. 88 c., pour frais relatifs aux affaires Méry et Haudaudine, laissés par jugement à la charge personnelle de M. Arnous-Rivière, ce que celui-ci a reconnu dans un écrit communiqué le 27 juillet 1852 ; mais nous avons maintenu au compte 119 fr. 78 c., pour frais relatifs à l'affaire Vannier, par les raisons que nous avons développées à l'exercice précédent.

Nous avons rejeté la dixième somme de 346 fr. 36 c., la onzième de 138 fr. 90 c. et la quatorzième de 61 fr. 17 c., pour paiements à Gouin, Verne et Brindejonc, avoués, de frais relatifs aux affaires Méry, Gâche et Haudaudine, laissés par jugements à la charge personnelle du gérant.

M. Arnous-Rivière avait consenti à cette distraction dès le 27 juillet 1852.

Nous avons admis au débit des travaux la quinzième somme de 1,395 fr. 85 c., pour une facture de chaux payée à Duhoux, pour compte de Perraudeau. Sans doute, la Société ne devait rien à Duhoux, mais elle devait à Perraudeau et payait en son acquit.

La pièce comptable sur laquelle la somme a été payée est en règle et parfaitement explicite; M. Perraudeau, qui autorise le paiement pour son compte, en indique l'emploi, et aucun doute ne peut rester sur la validité de ce paiement, puisqu'il est expliqué que c'est en acompte de l'installation destinée à recevoir la chaudière et la machine de M. Lotz, et nous n'avons pas compris qu'il pût être contesté dans les contredits.

Nous ajoutons, ainsi que l'exprime au reste l'autorisation de Perraudeau sur la facture acquittée, que les frais de fourneau et d'installation de la machine Lotz se sont montés, d'après le compte de l'entrepreneur, à 1,499 fr. 63 c., sur lesquels il n'a été payé que les 1,395 fr. 85 c. ci-dessus, et que, conséquemment, il reste dû 103 fr. 78 c. dont le règlement n'est pas encore fait, parce que M. Perraudeau réclame sur d'autres articles des sommes sur lesquelles le gérant et lui n'ont pas, jusqu'à présent, pu se mettre d'accord.

Sur la somme de 5,201 fr. 08 c., montant d'un paiement à Gâche pour moitié d'une machine, intérêts et frais, nous avons admis 5,128 fr. 45 c. Dans le compte présenté par M. Arnous-Rivière, la Société est débitée de 5,201 fr. 08 c., pour la moitié d'une machine, comme ci-dessus, au quatrième exercice, puis de la même somme à l'exercice suivant pour l'autre moitié, et au sixième exercice elle est créditée de 5,068 fr. 76 c. reçus de Gâche, en principal et intérêts, suivant transaction.

Bien que les deux paiements figurent à deux exercices différents, ils ont, en réalité, été faits le même jour, l'un par M. Carié et l'autre par M. Arnous-Rivière.

Dans le système des contredits adopté par Mᵉ TRÉMANT, on devrait compenser ces paiements faits le 25 novembre 1845, avec les 5,000 fr. reçus le 24 janvier 1848, parce que, en réalité, 10,000 fr. ayant été payés, et 5,000 fr. reçus, il en résulte un déboursé de 5,000 fr. seulement, et, partant de là, on débite la Société de ces 5,000 fr. à la valeur du 25 octobre 1845.

Mais, pour le réfuter, il suffit d'établir un pareil système, car comment compenser des paiements faits en 1845 avec une recette opérée en 1848 ?

Un compte établi ainsi serait-il le reflet des agissements contemporains et l'expression de la vérité ?

Pourrait-il ensuite servir au calcul des intérêts ?

En fait, la Société avait acheté de M. Gâche, le 18 février 1845, une machine à vapeur destinée aux épuisements, moyennant le prix de 15,000 fr.

Cette machine devait être livrée le 1ᵉʳ mai suivant, et était payable, 5,000 fr. le 10, et 5,000 le 15 du même mois ; les derniers 5,000 fr. restaient aux mains des Administrateurs jusqu'au moment où ils seraient fixés sur le point de savoir si, après s'en être servi, ils garderaient la machine ou la rendraient à M. Gâche, suivant les conditions du marché, moyennant l'abandon de cette dernière somme. La machine achevée, la Société ne s'en servit pas, mais M. Gâche n'en exigea pas moins son paiement.

Les gérants qui avaient mis en cause les actionnaires, voulurent résister, mais ils succombèrent et furent condamnés personnellement aux dépens.

C'est à la suite de ce jugement que les paiements stipulés au traité avec Gâche, pour le 10 et le 15 mai, furent faits à celui-ci le 25 novembre 1845, et que M. Arnous-Rivière d'un côté, et M. Carié de l'autre, payèrent chacun 5,000 fr., en principal, — 128 fr. 45 c., en intérêts, — et 72 fr. 63 c. en frais, soit ensemble 5,201 fr. 08 c.

Plus tard et en 1847 , intervint entre M. Gâche et la gérance une convention par laquelle la machine était abandonnée moyennant une somme de 5,000 fr. à payer ou plutôt à rendre par le fabricant.

En présence de ces faits, nous avons pensé que le compte ne pouvait pas être établi autrement qu'il ne l'a été par M. Arnous-Rivière ; seulement, de la somme de 5,201 fr. 08 c., nous avons retranché les 72 fr. 63 c. de frais qui doivent rester, d'après le jugement, à la charge des gérants, et nous avons maintenu les intérêts, qui ne sont pas une charge pour la Société, puisqu'elle paie le 25 novembre seulement ce qu'elle devait les 10 et 15 mai. Nous avons donc porté sur le présent exercice en dépense 5,128 fr. 45 c. suivant quittance, et à la date du 25 novembre 1845 ; à l'exercice suivant, nous porterons la même somme et à la même date , et enfin, au sixième exercice, nous ferons figurer au crédit les 5,068 fr. 76 c. reçus pour indemnité.

Nous avons laissé aux travaux les trois sommes de 206 fr. 15 c., et 14 fr., et 107 fr. 04 c., qui, par leur nature , nous ont paru mieux classées sous ce titre que sous celui des frais généraux.

CINQUIÈME ANNÉE. — 1846 A 1847.

DATES.		DÉPENSES.	FRAIS GÉNÉRAUX.	TRAVAUX.	COMMISSIONS.	INTÉRÊTS.	JOURS.	NOMBRES.
1846.		Report de l'exercice précédent, valeur au 15 février 1846..	1380 99	77157 56	7733 26	11721 29	365	357674
Mars.....	30	Payé à Bousquet, pour intérêts............................	250 »				322	805
Avril.....	30	Dº à Bernard , pour intérêts............................	250 »				291	728
Mai......	16	Dº à Soudée, à valoir aux 2,000 fr. à lui dus, pour travaux.....		1000 »			275	2750
	16	Dº à Trémulot, pour réparations à la maison rue Deshoulières.	36 »				275	99
	20	Dº à Mlle Meuret, pour fournitures de bureau...............	15 »				271	41
Juillet....	1	Dº à Haranchipy, moitié d'un semestre d'intérêts...........	625 »				229	1431
	29	Dº une prime d'assurance à la Bretagne....................	15 54				201	32
		A reporter...............	2572 53	78157 56	7733 26	11721 29		363560

DATES.	DÉPENSES.	FRAIS GÉNÉRAUX.	TRAVAUX.	COMMISSIONS.	INTÉRÊTS.	JOURS.	NOMBRES.
1846.	Report............	2572 53	78157 56	7733 26	11721 29		363560
Août..... 28	Payé pour contribution...........	187 05				171	320
30	Dº chargement de circulaires...........	4 50				169	8
30	Dº à Bernard, pour intérêts...........	250 »				169	423
30	Dº à Haranchipy, pour un semestre d'intérêts, valeur au 31 décembre 1845...........	1250 »				411	5138
30	Dº à Bousquet, pour intérêts...........	250 »				169	423
30	Dº à Haranchipy, pour moitié d'un semestre d'intérêts, valeur au 1er juillet 1846...........	625 »				229	1431
30	Dº à Gâche, pour moitié d'une machine, en capital et intérêts, valeur au 4 novembre 1845...........		5128 45			468	23999
30	Dº à Perraudeau, à valoir à ses approvisionnements, valeur au 13 décembre 1845...........		2500 »			429	10725
Octobre.. 20	Dº à Bousquet, moitié d'un semestre d'intérêts...........	125 »				118	148
Décembre. 31	Dº à Chénel, pour réparation à la maison rue Deshoulières....	2 »				46	1
1847 Févr. 3	Dº pour contribution...........	159 90				12	19
5	Dº à Loysel, avoué à Rennes, affaire Vannier...........	121 25				10	12
5	Dº à Bernard, pour intérêts, du 24 octobre 1846...........	250 »				114	285
5	Dº à Bousquet, pour moitié d'un semestre d'intérêts, valeur au 19 octobre 1846...........	125 »				119	149
15	Dº pour contribution, le 23 février 1846...........	124 21				357	443
	Montant des frais généraux, 6,046 fr. 44 c.; montant des travaux, 85,786 fr. 01 c., ci...........	6046 44	85786 01	7733 26	11721 29		407084

RECETTES.

DATES.	RECETTES.	FRAIS GÉNÉRAUX.	TRAVAUX.	COMMISSIONS.	INTÉRÊTS.	JOURS.	NOMBRES.
1846.							
Mars..... 15	Reçu de Grand-Jouan, pour pâturage...........	10 »				337	34
Avril..... 14	Dº de Vannier, à valoir à ses intérêts...........	100 »				307	307
Juin 28	Dº de Grand-Jouan, pour pâturage...........	120 »				232	278
Juillet.... 1	Dº de Clisson, pour six mois de loyer...........	750 »				229	1718
Novembre. 25	Dº de Boujard, pour règlement d'intérêts........	54 35				82	44
Décembre. 2	Dº de Vannier, pour règlement d'intérêts........	300 »				75	225
7	Dº du même, pour solde d'intérêts...........	129 20				70	90
31	Dº de Chénel, pour six mois de loyer, maison rue Deshoulières...........	387 50				46	178
1847. Février... 3	Dº de Brelet, pour location de pâturage...........	30 »				12	4
	Montant des recettes, 1,881 fr. 05 c., ci.......	1881 05					2878
	Le montant des recettes est de....................	1881 05					
	Celui des frais généraux est de....................	4665 45					
	Celui des travaux est de....................	8628 45					
	Soit ensemble........	15174 95					
	Sur lesquels il revient aux gérants une commission de 4 %, soit....................			607 »			
	A reporter...........	6046 44	85786 01	8340 26	11721 29		

DATES.	RECETTES.		FRAIS GÉNÉRAUX.	TRAVAUX.	COMMISSIONS.	INTÉRÊTS.	JOURS.	NOMBRES.
	Report..................		6046 44	85786 01	8340 26	11721 29		
	Les nombres du débit sont de.....................	407084 »						
	Ceux du crédit sont de..........................	2878 »						
	Il en résulte une balance de..........	404206 »						
	Qui, à 6 %, donne en intérêts................	....				6736 77		
	Report des intérêts sur les 180,000 fr..............	35707 21						
	Intérêts d'un an, sur ce solde, à 5 %...............	1785 86						
	Intérêts d'un an, à 5 %, sur 130,000 fr............	6500 »						
	Intérêts d'un an sur 50,000 fr., à 5 %..............	2500 »						
	Ensemble.............	46492 57						
	Les recettes étant de 1,881 fr. 05 c., doivent diminuer d'autant les frais généraux........................		1881 05					
	Et il reste dû, aux frais généraux, 4,165 fr. 39 c.; aux travaux, 85,786 fr. 01 c.; aux commissions, 8,340 fr. 26 c.; aux intérêts, 18,458 fr. 06 c.; soit, ensemble, 116,749 fr. 72 c.; plus, 46,492 fr. 57 c. pour intérêts sur les 180,000 fr., à reporter à l'exercice suivant..		4165 39	85786 01	8340 26	18458 06		

Sur le compte de cette cinquième année, MM. G. Bordillon et consorts rejettent dans leurs contredits :

1° 157 fr. 05 c. paiement à Reneaume, avoué, affaire Chaley et Taillet;

2° 250 » paiement à Maisonneuve père, frais de conseils;

3° 13 62 frais à l'affaire Bousquet;

4° 164 48 payés à Brindejonc, avoué, frais Haudaudine;

5° 525 63 payés à Gouin, avoué, frais de l'affaire de dissolution de Société;

6° 2 » frais à l'affaire Bernard;

7° 15 » paiement à Mlle Meuret pour fournitures de bureaux;

8° 138 90 payés à Verne, avoué, affaire Gâche;

9°   13fr.62 c. frais à l'affaire Bousquet ;

10°   2   »   paiement à Chénel, pour réparation à la maison rue Deshoulières ;

11°   121   25   payés à Loisel, avoué à Rennes, affaire Vannier ;

12°   1,000   »   paiement à Soudée, à valoir ;

13°   5,201   08   payés à Gâche, pour moitié d'une machine,
intérêts et frais ;

14°   444   73   sur le paiement de 2,500 fr. à Perraudeau, à
valoir à ses approvisionnements.

Nous avons rejeté du compte la première, la troisième, la quatrième, la cinquième, la sixième, la huitième et la neuvième somme, pour divers frais de procédure laissés par jugements à la charge des gérants, et que M. Arnous-Rivière avait reconnus lui-même dans un écrit en date du 22 juillet 1852, en réponse aux contredits comme devant être retranchés du compte ;

Nous avons également rejeté la deuxième somme de 250 fr. payés à Maisonneuve père, pour conseils ; il y a un reçu de cette somme, mais qui n'explique pas l'affaire pour laquelle les conseils ont été donnés. M. Maisonneuve père étant le conseil de M. Arnous-Rivière, il est probable que, même à ce titre, il aura été consulté pour les affaires de la Société ; mais le reçu ne s'explique pas. Puis, si d'un côté on voit sur les livres, à la date du 11 mars 1846, M. Arnous-Rivière se créditer de cette somme par le débit du compte de frais généraux, on le voit aussi à la date du 5 février 1847 s'en débiter par le crédit du compte et annuler ainsi les écritures passées au sujet de ce paiement ; ce qui fait croire, qu'à cette dernière date, il devait considérer que ces frais le regardaient seul.

Nous avons admis la septième somme de 15 fr., pour fournitures de bureau, d'après les motifs que nous avons déjà déduits aux précédents exercices.

Nous avons admis la dixième somme de 2 fr., pour réparation remboursée au locataire de la maison rue Deshoulières. On s'explique comment, pour une pareille dépense, il n'y a pas de pièce comptable, et son inscription au livre journal, à la date du paiement, nous a paru une justification suffisante.

Nous avons admis la onzième somme de 121 fr. 25 c., payée à Loisel, avoué à Rennes, pour frais dans l'affaire Vannier, par les raisons qui nous ont porté à maintenir au compte tous les autres frais de procédure relatifs à cette affaire, au sujet de laquelle nous n'avons point trouvé de faute à imputer aux gérants.

Nous avons admis la douzième somme de 1,000 fr., payée à M. Soudée, à valoir à ses honoraires, montant à 2,000 fr.

Il y a un reçu explicatif.

Quant au chiffre de ces honoraires, nous ne sommes point, ni probablement personne aujourd'hui, en état de le discuter. Il a dû être trouvé raisonnable par M. Arnous-Rivière, qui sans cela ne l'eût pas admis.

Ce que nous pouvons dire, c'est qu'en lisant tout le dossier de cette affaire, on voit que de nombreux et importants travaux ont été confiés à M. Soudée. Et il n'est pas possible de s'arrêter à l'allégation des contredits, tirée de ce fait que M. Soudée ne gagnant, comme employé du gouvernement, que 15 ou 1,800 fr. par an, se trouverait trop payé par la somme qu'il a réclamée pour les travaux que lui a demandés la Société ; travaux dont une partie n'est devenue indispensable que par l'inexécution de ceux qui devaient être faits par les premiers entrepreneurs.

Sur la treizième somme de 5,201 fr.08 c., paiement à Gâche pour la moitié d'une machine, nous avons admis 5,128 fr. 45 c., ainsi que nous l'avons expliqué pour le même article à l'exercice précédent.

Nous avons admis en son entier la quatorzième somme de 2,500 fr. payée à Perraudeau à valoir à ses approvisionnements.

Sur ce paiement, MM. G. Bordillon et consorts rejettent une somme de 444 fr. 73 c., et ajoutent qu'il y a contradiction sur le compte Perraudeau à ce qu'on lit au livre journal, f° 48 ; qu'il lui a été payé en trop une somme de 641 fr. 15 c.

Nous allons répondre à cette dernière objection, qui pourrait avoir quelque chose de spécieux pour des personnes non versées dans la comptabilité.

En décembre 1844, il fut fait par M. Soudée un état de situation provisoire des travaux exécutés par M. Perraudeau.
Cet état, copié au journal, f° 38, démontrait qu'il était dû à ce moment à M. Perraudeau 41,972 fr. 71 c., dont le comptable de M. Arnous-Rivière le créditait sur les livres de la Société, et comme M. Perraudeau était sur ces mêmes livres débiteur de 42,613 fr. 86 c. qui lui avaient été comptés, il en résultait qu'il avait reçu en trop, ou en plus de l'état de situation provisoire, 641 fr. 15 c. dont, en bonne règle de comptabilité, il devait être débité à nouveau.

Mais, en réalité, il était dû une somme plus forte, puisque, sur l'état, on avait déduit la garantie du dixième sur les travaux et du cinquième sur les approvisionnements, et au premier règlement on crédite Perraudeau de ces 641 fr. 15 c. qu'il ne devait pas et dont il n'avait été débité que pour le bon ordre de la tenue des écritures.

10

Pour demander la réduction de 444 fr. 73 c., voici, en résumé, ce que disent les contredits. Il était dû à Perraudeau, d'après l'état copié au journal, f° 38 . . . . 41,972 fr. 71 c.

Auxquels il faut ajouter :

Pour le dixième de garantie sur les travaux.   3,913   42

Pour le cinquième sur les approvisionne-ments. 1,281   »

Ensemble. . . . . . . 47,169 fr. 13 c.

Il lui a été compté à diverses reprises, en y comprenant les 2,500 fr. qui font l'objet du présent article. 47,613   86

Il a donc été payé en trop. . . . . 444 fr. 73 c.

Mais on oublie que l'état ci-dessus n'était que provisoire et qu'il devait en être ultérieurement établi un définitif : c'est ce qui a eu lieu en effet, mais plus tard, et seulement le 27 novembre 1849. Ce nouvel état, dressé par M. Soudée, porte la somme qui était due à Perraudeau, non plus la somme de . . . . 47,169 fr. 13 c.

mais bien celle de . . . . 48,051 fr. 63 c.

Et comme il n'a été compté que 47,613   86

Il reste encore dû. . . . . . . 437 fr. 77 c.

à M. Perraudeau, qui n'a pas, jusqu'à présent, été soldé, parce qu'il réclame une somme plus forte et maintient que son décompte, au lieu du chiffre de 48,051 fr. 63 c., présenté par M. Soudée, s'élève à 52,118 fr. Quoi qu'il en soit, il résulte de ce qui précède que les 2,500 fr. doivent être maintenus au compte en leur entier, puisqu'il est dû en outre au moins 437 fr. 77 c., et que, conséquemment, la demande en réduction de 444 fr. 73 c. n'est pas fondée.

SIXIÈME ANNÉE. — 1847 à 1848.

DATES.		DÉPENSES.	FRAIS GÉNÉRAUX.	TRAVAUX.	COMMISSIONS.	INTÉRÊTS.	JOURS.	NOMBRES.
1847.		Report de l'exercice précédent, valeur au 15 février 1847..	4165 39	85786 01	8340 26	18458 06	365	426137
Mars.....	10	Payé à Gouin, avoué, pour frais, affaire Pelloutier............	74 50				342	256
	12	Dº pour contributions.................................	146 50				340	500
	15	Dº à Bertreux, pour vin fourni aux ouvriers, en 1844........		2 60			337	10
Avril....	21	Dº à Bernard, pour intérêts, 250 fr....................	250 »				300	750
Mai......	21	Dº à Gouin, avoué, pour frais, 2e affaire Pelloutier........	509 16				270	1374
Juin.....	19	Dº à Bousquet, pour un semestre d'intérêts..............	250 »				241	603
	26	Dº à Forest, pour achat d'un registre..................	1 80				234	5
Juillet....	7	Dº affranchissement de lettres de convocation..............	2 60				223	7
	8	Dº à Gouin, avoué, pour frais, affaire Pelloutier............	361 25				222	801
Août.....	5	Dº pour prime d'assurance contre l'incendie................	14 50				194	29
	21	Dº à Dugoût, charpentier, pour réparations au pont Blanchard.		201 97			178	360
Octobre..	21	Dº à Bernard, pour un semestre d'intérêts................	250 »				117	293
Novembre.	13	Dº à Pelloutier, pour indemnité de passage, le 20 août 1847..		8884 82			179	15904
	13	Dº au même, pour contribution à l'édification de la Madeleine, le 20 août 1847.................................	1500 »				179	2685
1848.	25	Dº pour impôts.......................................	142 68				82	117
Janvier...	12	Dº pour papier timbré.................................	2 »				34	1
Février...	10	Dº à Dugoût, charpentier, pour réparations au pont Blanchard.		67 50			5	3
	10	Dº à Trémant, notaire, pour frais d'acte et d'intérêts........	1885 75				5	94
		Montant des frais généraux, 18,440 fr. 95 c.; montant des travaux, 86,058 fr. 08 c.; commissions, 8,340 fr. 26 c.; intérêts, 18,458 fr. 06 c., ci.....................................	18440 95	86058 08	8340 26	18458 06		449929

RECETTES.

DATES.			FRAIS GÉNÉRAUX.	TRAVAUX.	COMMISSIONS.	INTÉRÊTS.	JOURS.	NOMBRES.
1847.								
Novembre.	13	Reçu de veuve Porteau et demoiselles Poydras, à valoir à leur acquisition de terrain............	10384 82				94	9762
Décembre.	31	Dº des mêmes, pour solde......................	4804 58				46	2210
Mars.....	6	Dº de Grand-Jouan, pour location de pâturage.....	100 »				346	346
	22	Dº de Boutin, pour location d'une case..........	3 »				330	10
	28	Dº de Bernard, pour séjour de 4 sapines dans les bassins............................	20 »				324	65
Juin.....	25	Dº de Guicheteau, pour location d'une case......	3 »				235	7
	27	Dº de Vannier, pour six mois d'intérêts..........	176 40				233	410
	27	Dº de Chénel, pour loyer de la maison rue Deshoulières...........................	387 50				233	904
Juillet....	11	Dº de Grand-Jouan, pour loyer de pâturage......	150 »				219	329
	17	Dº de Lotz, pour solde d'un compte remis le 4 juin.	99 »				213	211
Décembre.	13	Dº de Grand-Jouan, pour loyer de pâturage.......	104 25				64	67
	28	Dº de Chénel, pour six mois de loyer, maison rue Deshoulières..........................	387 50				49	190
		A reporter...............	16620 05	18440 95	86058 08	8340 26	18458 06	14511

DATES.	RECETTES.	FRAIS GÉNÉRAUX.	TRAVAUX.	COMMISSIONS.	INTÉRÊTS.	JOURS.	NOMBRES.
1847.	Report..................	16620 05	18440 95	86058 06	8340 26	18458 06	»	14511
Décembre. 31 1848.	Reçu de veuve Porteau et demoiselles Poydras, le 31 décembre 1847, pour solde d'intérêts, 207 f. 01.	207 01					46	95
Janvier... 4	Dᵒ de Boujard, pour intérêts..................	36 25					42	15
4	Dᵒ de Guicheteau, pour location d'une case......	12 »					42	5
4	Dᵒ de Vannier, pour 6 mois d'intérêts..........	176 40					42	74
Février... 10	Dᵒ de Lotz, pour règlement d'intérêts..........	2676 65					5	134
Janvier... 24	Dᵒ de Gâche, en principal et intérêts suivant transaction.....................	5068 76					22	1115
	Montant des recettes, 24,797 fr. 12 c., ci....	24797 12						15949
	Le montant des recettes est de.....................	24797 12						
	Celui des frais généraux est de.....................	14275 56						
	Celui des travaux est de.....................	272 07						
	Soit ensemble..........	39344 75						
	Sur lesquels il revient aux gérants une commission de 4 %, soit.....................	....			1573 79			
	Les nombres du débit sont de.....................	449929 »						
	Ceux du crédit sont de.....................	15949 »						
	Il en résulte une balance de..........	433980 »						
	Qui, à 6 %, donne en intérêts..................	....				7233 »		
	Report des intérêts sur les 180,000 fr..............	46492 57						
	Intérêts d'un an, sur ce solde, à 5 %..............	2324 63						
	Intérêts d'un an sur 130,000 fr., à 5 %..............	6500 »						
	Intérêts d'un an sur 50,000 fr., à 5 %..............	2500 »						
	Ensemble....	57817 20						
	Les recettes étant de 24,797 fr. 12 c. doivent absorber les frais généraux, montant à 18,440 fr. 95 c., et, avec le solde de 6,356 fr. 17 c., diminuer d'autant les travaux.....................		18440 95	6356 17				
	Et il reste dû, aux travaux, 79,701 fr. 91 c.; aux commissions, 9,914 fr. 05 c.; aux intérêts, 25,691 fr. 06 c.; soit ensemble, 115,307 fr. 02 c.; plus, 57,817 fr. 20 c. pour intérêts sur les 180,000 fr. à reporter à l'exercice suivant.....................	» »	79701 91	9914 05	25691 06			

Sur le compte de cette sixième année, **MM. G. Bordillon et consorts** rejettent dans leurs contredits:

1° 509 fr. 16 c. paiement à Gouin, avoué, pour frais dans la deuxième affaire Pelloutier ;

2° 1 fr. 80 c. paiement à Forest, pour un registre ;

3° 2 » pour achat de papier timbré ;

4° 1,240 50 frais de transport de la délégation Haranchipy
       à trois nouveaux créanciers ;

5° 23 10 pour intérêts sur une avance de fonds pour
       un semestre d'intérêts à la créance Lotz ;

6° 454 20 pour frais de transaction avec Lotz sur le
       procès contre Vannier.

Ces trois sommes font partie de celle de 1,885 fr. 75 c., montant de la note des frais de M⁰ TRÉMANT.

Ils déclassent trois sommes de 2 fr. 60 c., 201 fr. 97 c. et 67 fr. 50 c. payées à Bertreux et à Dugoût, portées par M. Arnous-Rivière aux travaux et qu'ils placent parmi les frais généraux.

Enfin, ils rejettent des recettes la somme de 5,068 fr. 76 c. reçue de Gâche pour principal et intérêts, par suite de la transaction intervenue pour la machine.

Nous avons admis la première somme de 509 fr. 16 c. payée à Gouin, avoué, pour frais dans la seconde affaire Pelloutier. Elle n'est rejetée que faute de pièces à l'appui. Mais nous avons demandé ce reçu à M⁰ GAUTRON, notaire, par l'entremise duquel le paiement a eu lieu et chez qui il était resté.

Nous avons admis la deuxième somme de 1 fr. 80 c pour l'achat d'un registre, par les raisons que nous avons données sur les dépenses de même nature aux précédents exercices.

Nous avons également admis la troisième somme de 2 fr. pour achat de papier timbré.

Il est vrai qu'il n'est pas justifié que ce papier ait été employé pour les besoins de la Société ; mais l'inscription contemporaine au livre journal d'une somme aussi minime nous a paru justifier suffisamment que l'emploi en avait été fait pour la Société, qui, de temps à autre, devait en avoir besoin.

Nous avons admis la quatrième somme de 1,240 fr. 50 c.; elle n'est rejetée de la note de Mᵉ TRÉMANT que parce que ce sont des frais relatifs à la seconde délégation faite sur la créance Lotz par M. Haranchipy à trois nouveaux créanciers, et que, selon les contredits, la somme produite par la première délégation ayant eu pour destination et pour emploi l'acquit d'une dette personnelle au gérant, cette première délégation devait être considérée comme non avenue, et par suite la deuxième, qui n'en est que la conséquence.

Mais, dans nos réflexions sur le deuxième exercice, nous avons démontré que cette délégation sur la créance Lotz, ainsi que la délégation sur la créance Guicheteau, avaient été faites par les gérants, suivant les pouvoirs qui leur étaient conférés par l'acte de Société ; que le produit en a été employé, en réalité, à acquitter non une dette personnelle, mais bien une charge sociale « les travaux ; » que, conséquemment, ces délégations et les frais auxquels elles ont donné lieu devaient rester au compte de la Société.

Nous ne pourrions que répéter ici les motifs qui nous ont déterminé à admettre les frais de la première délégation, et qui sont tous applicables pour l'admission de ceux de la seconde.

Nous avons admis la cinquième somme de 23 fr. 10 c. ; ce sont des intérêts prélevés par Mᵉ TRÉMANT sur une avance de 1,250 fr. faite par lui pour un semestre d'intérêts de la délégation sur la créance Lotz, et ils nous ont semblé très-légitimes.

Nous avons enfin admis la sixième somme de 454 fr. 20 c., pour frais et honoraires relatifs à a transaction avec M. et

Mme Lotz pour cession de terrains, par suite de la perte du procès de Vannier.

Ils sont rejetés dans les contredits, parce que le procès Vannier constituerait une faute lourde de la part des gérants.

Nous avons déjà, au troisième exercice, exprimé un avis contraire, et nous ne pourrions ici que répéter les motifs que nous avons donnés.

Nous avons maintenu aux travaux les trois sommes payées à Bertreux et à Dugoût, parce qu'elles nous ont paru mieux classées aux travaux, dont elles sont au moins une conséquence, qu'aux frais généraux. Ce classement n'a pas, au reste, d'importance.

Nous avons admis aux recettes les 5,068 fr. 76 c., reçus de Gâche en principal et intérêts, par suite de la transaction sur la machine, par les motifs que nous avons développés au quatrième exercice, et que nous croyons inutile de reproduire ici.

SEPTIÈME ANNÉE. — 1848 à 1849.

DATES.	DÉPENSES.	FRAIS GÉNÉRAUX.	TRAVAUX.	COMMISSIONS.	INTÉRÊTS.	JOURS.	NOMBRES.
1848.	Report de l'exercice précédent, valeur au 15 février 1848..	» »	79701 91	9914 05	25691 06	365	420871
Février... 24	Payé à Borée, entrepreneur, pour remblai du pont Blanchard...		185 09			356	659
Mars..... 2	D° au percepteur des contributions........................	192 16				350	672
23	D° pour assurance contre l'incendie.......................	14 94				329	49
Avril. ... 7	D° pour impôts extraordinaires...........................	100 »				314	314
10	D° à Soudée, à valoir aux 1,000 fr. qui lui sont dus.........		500 »			311	1555
15	D° à Bernard, un semestre d'intérêts et renouvellement d'hypo-thèques..	265 66				306	814
17	D° à Dubled, couvreur, pour réparations à la maison rue Deshoulières..	69 »				304	210
17	D° à Besson, plombier, pour même cause...................	17 60				304	55
Juin. 15	D° à Rucher, maçon, pour même cause....................	29 50				245	74
	A reporter...........	688 86	80387 »	9914 05	25691 06		425273

DATES.	DÉPENSES.	FRAIS GÉNÉRAUX.	TRAVAUX.	COMMISSIONS.	INTÉRÊTS.	JOURS.	NOMBRES.
1848.	Report...............	688 86	80387 »	9914 05	25691 06		4252
Juin..... 16	Payé à Bousquet, pour un semestre d'intérêts...............	250 »				244	6
Juillet.... 11	Do à Trémant, pour un semestre d'intérêts aux cessionnaires d'Haranchipy, créance Lotz...............	1250 »				219	27
12	Do pour frais de deux voyages à Paris...............	500 »				218	10
13	Do à Moreau, serrurier, pour réparations à la maison rue Deshoulières...............	5 »				217	
14	Do à Labardrouyère, avoué à Rennes, pour frais...............	77 65				216	1
24	Do pour frais de voyage à Paris...............	400 »				206	8
Septembre 11	Do à Dugoût, charpentier, pour solde de compte...............		155 99			157	2
11	Do pour frais d'un voyage à Angers, le 4 octobre...............	15 »				134	
11	Do pour frais de sommation à Gratton et Francard, le 6 octobre...............	7 05				132	
Octobre.. 15	Do à Bernard, pour un semestre d'intérêts...............	250 »				123	3
Novembre. 19	Do pour frais d'un voyage à Paris...............	200 »				88	1
Décembre. 15	Do à Auger, percepteur, pour solde de l'impôt des 45 centimes...............	86 48				62	
15	Do à Lajarriette, pour contribution de pavage...............	278 04				62	1
26	Do à Pelloutier, pour indemnité suivant jugement...............	6091 80				51	31
26	Do à Borée, terrassier, pour travaux au pont Blanchard...............		16 »			51	
29	Do à Lecamus et autres, pour intérêts sur la délégation de 50,000 fr...............	1250 »				48	6
1849. Janvier... 6	Do pour solde des contributions...............	119 66				40	
6	Do à Chénel, pour réparations et balayage...............	4 »				37	
	Montant des frais généraux, 11,473 fr. 54 c.; montant des travaux, 80,358 fr. 99 c., ci...............	11473 54	80358 99	9914 05	25691 06		4354

RECETTES.

DATES.	DÉPENSES.	FRAIS GÉNÉRAUX.	TRAVAUX.	COMMISSIONS.	INTÉRÊTS.	JOURS.	NOMBRES.
1848. Juillet.... 12	Reçu de Grand-Jouan, pour une demi-année de pâturage...............	200 »				218	4
12	Do de Chénel, pour une demi-année de loyer......	387 50				218	8
Septembre 9	Do de Vannier, pour intérêts...............	176 40				159	2
Décembre. 18	Do de Grand-Jouan, pour pâturages...............	200 »				59	1
27	Do de Guicheteau, pour une année de loyer......	36 »				50	
1849. 29	Do de Lotz, à valoir aux intérêts de son acquisition.	1500 »				48	7
Janvier... 9	Do de Chénel, pour une demi-année de loyer.....	375 »				37	1
	Revenus et produits.........	2874 90					

Appel de Fonds.

DATES.	DÉPENSES.	FRAIS GÉNÉRAUX.	TRAVAUX.	COMMISSIONS.	INTÉRÊTS.	JOURS.	NOMBRES.
1848. Novembre. 11	Do de Chaley, «pour contributions aux travaux, suivant jugement du 7 février 1848»...............	6985 44				96	670
25	Do de Taillet, à valoir à sa contribution..........	4000 »				82	328
Décembre. 15	Do du même, pour solde...............	275 14				62	17
15	Do de Dernieulle et de La Fleuriaye, pour leur contribution aux travaux...............	2968 62				68	184
29	Do de Taillet, pour le même objet...............	100 »				48	4
	Montant des recettes, 17,204 fr. 10 c., ci....	17204 10					1460
	A reporter............	11473 54	80558 99	9914 05	25691 06		

DATES.	RECETTES.		FRAIS GÉNÉRAUX.	TRAVAUX.	COMMISSIONS.	INTÉRÊTS.	JOURS.	NOMBRES.
	Report.............		11473 54	80558 99	9914 05	25691 06		
	Le montant des recettes, moins les appels de fonds, est de	2874 90						
	Celui des frais généraux est de....................	11473 54						
	Celui des travaux est de..........................	857 08						
	Soit ensemble............	15205 52						
	Sur lesquels il est dû aux gérants une commission de 4 %, soit...............	....			608 22			
	Les nombres du débit sont de.....................	435461 »						
	Ceux du crédit sont de...........................	14603 »						
	Il en résulte une balance de..........	420858 »						
	Qui, à 6 %, donne en intérêts..............	....				7014 30		
	Report des intérêts sur les 180,000 fr..............	57817 20						
	Intérêts d'un an, sur ce solde, à 5 %...............	2890 86						
	Intérêts d'un an sur 130,000 fr., à 5 %.............	6500 »						
	Intérêts d'un an sur 50,000 fr., à 5 %.............	2500 »						
	Ensemble....	69708 06						
	Les recettes étant de 17,204 fr. 10 c. doivent absorber les frais généraux, montant à 11,473 fr. 54 c., et, avec le solde de 5,730 fr. 56 c., diminuer d'autant les travaux......................		11473 54	5730 56				
	Et il reste dû, aux travaux, 74,828 fr. 43 c.; aux commissions, 10,522 f. 27 c.; aux intérêts, 32,705 f. 36 c.; soit ensemble, 118,056 francs 06 c., plus 69,708 fr. 06 c. pour intérêts sur les 180,000 fr. à reporter à l'exercice suivant.......................		» »	74828 43	10722 27	32705 36		

Sur le compte de cette septième année, MM. G. Bordillon et consorts rejettent dans leurs contredits :

1° 1,000fr. » c. payés à Verne, frais relatifs à l'appel des 49,894 fr. 72 c. pour travaux ;

2° 15 66 pour frais à la créance de Bernard ;

3° 500 » pour deux voyages à Paris ;

4° 77 65 payés à Lahardrouyère, avoué à Rennes, pour frais ;

5° 400 » pour frais de voyage à Paris ;

6°   99 fr. » c. payés à Verne , pour frais de sentence arbi-
                           trale ;
7°   200   »   payés à Verne, à valoir à ses frais ;
8°   100   »   payés à Verne, à valoir à ses frais ;
9°   5   30   payés à Maulouin, notaire, frais de certificat ;
10°   500   »   payés à Soudée, à valoir aux 1,000 fr. lui dus.

Puis ils déclassent les trois sommes payées à Boré et à Dugoût, pour les porter des travaux aux frais généraux.

Nous ne mentionnons pas ici , pas plus que nous ne l'avons fait dans les années précédentes, les contredits relatifs aux paie-ments des intérêts de la délégation des 50,000 fr. à Haran-chipy et autres, et de la délégation des 10,000 fr. à Bousquet, parce que nous avons dit dans les deuxième et troisième exercices que nous ne pourrions que répéter les motifs qui nous avaient déterminé à les maintenir au compte.

Nous avons rejeté de cet exercice la première somme de 1,000 fr., la septième de 200 fr. et la huitième de 100 fr. payés à Verne à valoir à ses frais, mais provisoirement, et nous les reprendrons pour les discuter à l'exercice suivant.

Nous avons admis la deuxième somme de 15 fr. 66 c.; ce ne sont point, comme le disent les contredits, des frais occasionnés par la négligence du gérant , mais bien un renouvellement d'hypothèque, ainsi que le témoigne le reçu de Bernard, montant pour ce semestre à 265 fr. 66 c., que nous avons maintenus au compte, en leur entier.

Nous avons admis la troisième somme de 500 fr. et la cin-quième de 400 fr., pour frais de voyage à Paris.

Les explications que nous a données à ce sujet M. Arnous-

Rivière, nous ont paru satisfaisantes et démontré que ces voyages avaient été faits dans l'intérêt de la Société.

Puis, en lisant le registre des délibérations, on voit qu'aux assemblées des 21 juillet et 9 septembre 1848, M. Arnous-Rivière rend compte des nombreuses demandes faites par lui auprès du Gouvernement, pour la réalisation du projet de cession à l'État des canaux et bassins, cession qui a eu lieu en effet le 24 novembre suivant. Or, ces démarches, alors surtout ne pouvaient être faites que directement et non par correspondance.

Enfin, dans son rapport, Mᵉ TRÉMANT, en l'étude duquel se tenaient ces assemblées, et qui a dû entendre les discussions des intéressés, déclare avoir parfaite connaissance que ces voyages ont été faits dans l'intérêt de la Société.

En outre, M. Arnous-Rivière nous a communiqué une lettre de M. G. Bordillon, en date d'Angers, 16 juin 1848, dans laquelle celui-ci, à propos du projet de cession, s'exprime ainsi :

« Je crois comme vous qu'il n'y a pas un moment à perdre.

» J'approuve fort votre projet d'aller solliciter à Paris l'obtention immédiate de vos offres.

» De tout mon concours je vous y aiderai ; mais je ne puis en ces jours y aller moi-même. »

Nous avons admis la quatrième somme de 77 fr. 65 c., paiement à Lahardrouyère, avoué à Rennes, pour frais.

A l'appui de cette dépense, on trouve dans les pièces comptables une traite de la Hardrouyère de la somme ci-dessus, mentionnant que ce sont des frais Pelloutier.

Et au livre journal, fᵒ 62, il est en effet expliqué que les frais sont relatifs à un désistement dans une affaire Pelloutier.

Nous avons rejeté la sixième somme de 99 fr., paiement à Verne, avoué, pour frais à l'appel de la sentence arbitrale.

M. Arnous-Rivière avait lui-même retiré cette somme de son compte dans sa réponse aux contredits en date du 22 juillet 1852.

Nous avons aussi rejeté la neuvième somme de 5 fr. 30 c., pour frais de certificat payés à M⁰ MAULOUIN. Il n'y a pas de pièce qui indique pour quel objet ce certificat aurait été donné.

Nous avons admis la dixième somme de 500 fr. payés à Soudée à valoir, par les motifs que nous avons développés au cinquième exercice pour un paiement de même nature.

Enfin, nous avons laissé au compte *travaux*, les trois sommes payées à Borée et à Dugoût, parce qu'elles nous ont paru mieux classées à ce compte qu'à celui des frais généraux.

HUITIÈME ANNÉE. — 1849 A 1850.

DATES.	DÉPENSES.	FRAIS GÉNÉRAUX.	TRAVAUX.	COMMISSIONS.	INTÉRÊTS.	JOURS.	
1849.	Report de l'exercice précédent, valeur au 25 février 1849.	» »	74828 43	10522 27	32705 36	365	436
Février. . 15	Payé pour prime d'assurances contre l'incendie..............	14 93				365	
Mars..... 22	Do à Auger, pour contributions.........................	100 »				330	
26	Do à Lajariette, pour contributions.....................	100 »				326	
Avril.... 7	Do à Bousquet, pour 3 demi-semestres d'intérêts..........	375 »				314	
11	Do à Lajariette, pour solde des contributions de 1849........	99 16				310	
28	Do à Bernard, pour un semestre d'intérêts.............	250 »				293	
Mai...... 28	Do pour timbre d'une pétition à la Mairie.................	1 25				263	
Juin. 30	Do à Waldeck Rousseau, pour honoraires................	500 »				230	
30	Do à Chénel, pour frais de balayage, maison rue Deshoulières..	3 »				230	
Août..... 28	Do à Lajariette, pour impôts de main-morte..............	8 58				171	
	A reporter..................	1451 92	74828 43	10522 27	32705 36		43

DATES.	DÉPENSES.	FRAIS GÉNÉRAUX.	TRAVAUX.	COMMISSIONS.	INTÉRÊTS.	JOURS.	NOMBRES.
1849.	Report............	1451 92	74828 43	10522 27	32705 36		435008
Août..... 30	Payé pour timbre pour réclamation............	» 40				169	1
Octobre.. 10	Dᵒ à Gouin, avoué, pour frais de procès contre Pelloutier.....	294 80				128	378
19	Dᵒ à Bernard, pour un semestre d'intérêts............	250 »				119	298
20	Dᵒ à Pelloutier, pour l'indemnité de 5,000 fr., suivant jugement.	4990 95				118	5889
25	Dᵒ à Anger, pour solde de contributions............	100 06				113	113
25	Dᵒ à Trémant, à valoir aux frais de la vente Cardinal.........	300 »				113	339
26	Dᵒ à Rochet, notaire, pour intérêts à Bousquet............	250 »				112	280
Novembre. 7	Dᵒ à Pergeline, avocat, pour deux affaires............	100 »				100	100
Décembre. 2	Dᵒ à Brancard, serrurier, pour réparations maison rue Deshoulières............	5 »				75	4
17	Dᵒ à Magré, avoué, pour frais, affaire Genevois............	49 10				60	29
27	Dᵒ à Allard, pour déplacement de pierres............	3 »				50	2
31	Dᵒ à Verne, pour divers frais de procédure............	1300 »				46	598
	Montant des frais généraux, 9,095 fr. 23 c., ci.........	9095 23	74828 43	10522 27	32705 36		443039

RECETTES.

DATES.	RECETTES.	FRAIS GÉNÉRAUX.	TRAVAUX.	COMMISSIONS.	INTÉRÊTS.	JOURS.	NOMBRES.
1849.							
Octobre.. 25	Reçu de Cardinal, à valoir sur le prix de son acquisition............	8001 75				113	9042
Novembre. 2	Dᵒ de Guicheteau, à valoir sur le prix de son acquisition............	1500 »				105	1575
Mars..... 19	Dᵒ de Saurion, pour vente de déblai............	6 »				333	20
Avril.... 11	Dᵒ de Lajariette, pour remboursement d'impôts....	256 49				310	794
22	Dᵒ de Vannier, à valoir aux intérêts de son acquisition............	100 »				299	299
Juin..... 25	Dᵒ de Grand-Jouan, pour six mois de pâturage....	300 »				235	705
29	Dᵒ de Chenel, pour six mois de loyer, maison rue Deshoulières............	375 »				231	865
Août..... 24	Dᵒ de Boujard, pour intérêts jusqu'en avril 1849...	54 36				175	85
Septembre 12	Dᵒ de Guicheteau, huit mois de loyer d'une case...	40 »				156	62
Octobre.. 25	Dᵒ de Cardinal, pour règlement d'intérêts.........	47 »				113	53
25	Dᵒ du même, pour remboursement de frais........	35 »				113	40
Décembre. 29	Dᵒ de Grand-Jouan, pour semestre de loyer de pâturage............	300 »				48	144
1850. Janvier... 10	Dᵒ de Vannier, à valoir à ses intérêts............	160 »				36	58
16	Dᵒ de Chenel, six mois de loyer, maison rue Deshoulières............	375 »				30	113
	Appel de Fonds.						
1849. Mai...... 30	Dᵒ de G. Bordillon, pour contribution aux travaux..	5488 40				261	14324
30	Dᵒ de liquidation Carié, pour contribution aux actions de Maisonneuve............	626 50				261	1636
Juin..... 27	Dᵒ de Mergot et Taillet, pour contribution aux travaux............	6344 50				233	14784
1850. Février... 15	Dᵒ versement d'Arnous-Rivière et Carié, pour 145 actions, valeur 5 août 1847............	1886 85				924	167124
	Montant des recettes, 42,096 fr. 55 c., ci....	4209 55					211734
	À reporter............	9095 23	74828 43	10522 27	32705 36		

DATES.	RECETTES.		FRAIS GÉNÉRAUX.	TRAVAUX.	COMMISSIONS.	INTÉRÊTS.	JOURS.	NOMBRES.
	Report.............		9095 23	74828 43	10522 27	32705 36		
	Le montant des recettes, moins les appels de fonds, est de..	11550 60						
	Celui des frais généraux est de....................	9095 23						
	Soit ensemble...........	20645 83						
	Sur lesquels il revient aux gérants une commission de 4 %, soit.....................................	....			825 83			
	Les nombres du débit sont de.....................	443030 »						
	Ceux du crédit sont de..........................	211734 »						
	Il en résulte une balance de......	231305 »						
	Qui, à 6 %, donne en intérêts.................	....				3855 08		
	Report des intérêts sur les 180,000 fr...............	69708 06						
	Intérêts d'un an sur ce solde, à 5 %...............	3485 40						
	Intérêts d'un an sur 130,000 fr., à 5 %.............	6500 »						
	Intérêts d'un an sur 50,000 fr., à 5 %.............	2300 »						
	Ensemble....................	82193 46						
	Les recettes étant de 42,096 fr. 55 c. doivent absorber les frais généraux montant à 9,095 fr. 23 c.; et, avec le solde de 33,001 fr. 32 c., diminuer d'autant les travaux......................		9095 23	33001 32				
	Et il reste dû, aux travaux, 41,827 fr. 11 c.; aux commissions, 11,348 f. 10 c.; aux intérêts, 36,560 f. 44 c.; soit ensemble, 89,735 francs 65 c.; plus, 82,193 fr. 46 c. pour intérêts sur les 180,000 fr. à reporter à l'exercice suivant.............................		» »	41827 11	11348 10	36560 44		

Sur le compte de cette huitième année, **MM. G. Bordillon** et consorts rejettent dans leurs contredits :

1° 263 fr. 51 c. payés à Verne, à valoir aux frais, affaire Bordillon ;

2° 400 » sur les 500 fr. payés à Waldeck-Rousseau, avocat, à valoir à ses honoraires ;

3° 200 46 payés à Verne, avoué, frais de procès relatifs aux appels de fonds ;

4°   640 fr. 08 c. payés à Verne , avoué , frais incombant à
                      la liquidation Carié ;

5°   294   80 payés à Gouin, avoué, frais, procès Pelloutier ;

6° 5,000   »   payés à Pelloutier , suivant jugement ;

7°   300   »   payés à Trémant, à valoir aux frais de vente
                      Cardinal ;

8°   40   »   sur les 100 fr. d'honoraires, payés à Pergeline ,
                      avocat ;

9°   49   10 payés à Magré, avoué , frais, affaire Genevois.

Sur les recettes, ils rejettent aussi :

10°   9 fr. 05 c. reçus de Pelloutier, prompt paiement de
                      15 jours sur 5,000 fr. ;

11°   35   »   reçus de Cardinal, pour remboursement de
                      frais ;

12° 200   46 sur la somme de 5,688 fr. 56 c. , reçus de
                      G. Bordillon pour l'appel de fonds ;

13° 263   51 reçus de G. Bordillon pour solde de frais ;

14° 640   08 sur le versement de 6,934 fr. 58 c. de Mer-
                      got et Taillet.

Enfin, nous ne mentionnons pas le contredit relatif au paiement à Bousquet, par suite de ce que nous avons dit au précédent
exercice, et nous faisons remarquer que nous avons ajouté aux
frais généraux de celui-ci, 1,300 fr. pour paiement à Verne ,
avoué, de frais de procédure, ainsi qu'il va l'être expliqué ci-
après.

Nous avons rejeté la première somme de 263 fr. 51 c. ; la
troisième de 200 fr. 46 c. et la quatrième de 640 fr. 08 c., pour
divers paiements à Verne, avoué, de frais relatifs à l'appel de
fonds, parce que ces mêmes sommes ont été directement payées
par les débiteurs, M. G. Bordillon et la liquidation Carié.

Aussi, dans les contredits, en demandant la suppression de ces divers frais aux frais généraux, demande-t-on en même temps leur suppression aux recettes où ils ont été également portés, douzième, treizième et quatorzième sommes.

Nous avons admis en entier cette rectification, qui nous a paru rationnelle, en faisant disparaître des frais généraux les trois paiements ci-dessus, en supprimant aux recettes le versement de M. G. Bordillon de 263 fr. 51 c., et en réduisant à 5,488 fr. 10 c. le versement du même de 5,688 fr. 56 c., et à 6,344 fr. 58 c. le versement de Mergot et Taillet, porté au compte pour 6,984 fr. 58 c.

M⁰ TRÉMANT, dans son compte, rejette ces paiements aux frais généraux, sans les retrancher des recettes; ce qui constitue une erreur au préjudice du rendant compte, erreur qu'il signale du reste, mais sans la rectifier.

Dans le précédent exercice, nous avons rejeté du compte trois sommes de 1,000 fr., de 200 fr. et de 100 fr. Ensemble 1,300 fr. payés à Verne, avoué, à valoir à ses frais, mais provisoirement et en nous réservant de revenir sur ces paiements.

Nous avons demandé à ce sujet des explications, et il nous a été remis un compte de M. Verne, avoué, duquel il résulte que ces trois sommes ont servi à payer les dépenses ci-après à la charge de la Société.

23 fr. 30 c.	Frais d'une affaire Vannier.
100 »	Honoraires de M. Verne dans l'affaire du jugement du 7 février 1848, répartition et recouvrement des frais.
26 52	Quote part de frais de M. Théodore Bordillon dans l'instance dudit jugement.

149 fr. 82 c. A reporter.

149 fr. 82 c. Report.

141 18 Quote part de M. Théodore Bordillon dans le
coût et la notification dudit jugement.

36 55 Frais de poursuite contre M. Théodore Bordillon,
au sujet des condamnations prononcées par le
même jugement.

327 fr. 55 c.

87 81 Frais dans la première affaire Pelloutier.

222 27 Frais dans la deuxième affaire Pelloutier.

77 18 Frais d'appel dans la même affaire.

437 55 Frais dans l'affaire au Tribunal de commerce,
contre M. Théodore Bordillon, au sujet de son
compte admis à la faillite.

77 83 Frais dans la troisième affaire Pelloutier.

256 14 Frais dans l'affaire civile contre les syndics
Théodore Bordillon pour les objets mobiliers.

Ces frais se montent à 409 fr. 44 c.; mais
les syndics ont eu à en payer 153 fr. 30 c.
pour la portion mise à leur charge.

1,486 fr. 33 c. Ensemble.

Mais M. Verne ajoute que, depuis le 15 février 1851, les
versements de M. Arnous-Rivière d'un côté, et les frais de procédure de l'autre, ont continué.

En conséquence, nous avons admis aux frais généraux de cet
exercice les 1,300 fr. payés à M. Verne à valoir, réservant à
M. Arnous-Rivière de porter plus tard à son compte final de
liquidation la somme de 186 fr. 53 c., qu'il a dû payer à M.
Verne après le 15 février 1851, pour solde des frais mentionnés
ci-dessus.

Me Trémant n'a pas porté cette somme à son compte, et
l'a réservée tout entière.

12

Nous avons pensé que les paiements étant certains et leur emploi bien déterminé, ils devaient figurer au compte de gestion qui, sans cela, ne serait pas complet.

Nous avons admis la deuxième somme de 400 fr., ou plutôt admis en leur entier les 500 fr. d'honoraires payés à Mᵉ Waldeck-Rousseau.

Nous savons que Mᵉ Waldeck-Rousseau est le conseil de M. Arnous-Rivière; mais, à ce titre-là même, il a dû plaider et donner au gérant bien des conseils dans l'intérêt de la Société, et, pour cela, la somme qui lui a été comptée n'est pas d'une importance à être discutée, ne fût-elle applicable qu'aux instances Vannier et Pelloutier.

Nous avons admis la cinquième somme de 294 fr. 80 c., payée à Gouin, pour frais, affaire Pelloutier.

Nous n'avons pas vu de motifs de rejeter cette somme, quand toutes les autres de même nature ont été admises.

Nous avons admis la sixième somme de 5,000 fr. pour indemnité payée à Pelloutier. Le premier acompte de 6,091 fr. 80 c. a été admis par les actionnaires qui l'avaient même autorisé. Celui-ci doit donc l'être également et d'autant mieux que le paiement a eu lieu par suite de jugement, et conséquemment en obéissant à la justice.

Le motif que les actionnaires verraient dans l'affaire Pelloutier un principe de dommages-intérêts n'en serait pas un, pour retirer du compte une somme régulièrement payée.

Toutefois, nous avons réduit cet article à 4,990 fr. 95 c., qui seuls ont été réellement comptés par suite de l'escompte de 9 fr. 05 c. accordé par M. Pelloutier, et nous avons supprimé aux recettes ces 9 fr. 05 c., qui font l'objet de la dixième observation.

Nous avons admis la septième somme de 500 fr., payée pour frais de vente à Cardinal, parce que, ainsi que du reste nous l'avons dit déjà au deuxième exercice, la vente étant faite contrat en mains, l'acheteur d'un côté doit payer tout le prix stipulé au contrat, ce que la comptabilité doit exprimer, et le vendeur, de son côté aussi, doit payer les frais d'actes, quels qu'ils soient, et il faut bien que le compte, pour être exact, mentionne chacune de ces deux opérations.

Nous avons admis la huitième somme de 40 fr., ou plutôt en leur entier les 100 fr. payés à M. Pergeline, avocat, parce que nous n'avons point vu de faute de la part du gérant à soutenir, bien qu'il ait été perdu, le procès intenté par M. Genevois, ni que la cause de ce procès dût lui être imputée.

M. Arnous soutient même que c'est par suite de la rupture indûment faite par M. Th. Bordillon, du barrage naturel qui existait sur le canal Blanchard, qu'ont eu lieu les difficultés avec M. Genevois.

Nous avons admis, par les mêmes motifs, la neuvième somme de 49 fr. 10 c. payée à Magré, avoué, pour la même affaire.

Enfin, nous avons admis en recette la onzième somme de 35 fr. de Cardinal, pour remboursement de frais qui doivent bien figurer au crédit de la Société.

NEUVIÈME ANNÉE. — 1850 A 1851.

DATES.	DÉPENSES.	FRAIS GÉNÉRAUX.	TRAVAUX.	COMMISSIONS.	INTÉRÊTS.	JOURS.	NOMBRES.
1850.	Report de l'exercice précédent, valeur au 15 février 1850..	» »	41827 11	11348 10	36560 44	365	327536
Février... 16	Payé à Soudée, pour solde de ses honoraires................		500 »			364	1820
17	Dº au greffe, pour communication de pièces...............	» 50				363	2
Mars..... 11	Dº pour contribution.................................	205 »				341	699
Avril. ... 10	Dº à Bousquet, pour un semestre d'intérêts...............	250 »				311	778
16	Dº à Bernard, pour un semestre d'intérêts...............	250 »				305	763
16	Dº audit, pour frais de fermeture de portes...............	10 »				305	31
17	Dº à Dugoût, charpentier, pour réparations au pont Blanchard.		192 66			304	587
27	Dº frais de voyage à Angers, affaire Bordillon........	18 »				294	53
Mai...... 13	Dº frais de voyage à Angers, pour même cause.............	25 »				278	70
Juin. 2	Dº à Dubled, couvreur, pour réparations.............. .	30 »				258	77
3	Dº pour réparations, maison rue Deshoulières.............	2 50				257	8
12	Dº achat de timbre pour réclamation.....................	1 75				248	5
15	Dº frais de voyage à Angers, affaire Bordillon.............	10 »				245	25
25	Dº réparations à la maison rue Deshoulières.............	5 15				235	12
Juillet.... 5	Dº frais de voyage à Angers et Saumur...................	40 »				225	90
15	Dº à Prou, avocat, affaire Bordillon....................	200 »				215	430
15	Dº à Marais, huissier à Angers, frais, faillite Bordillon......	120 90				215	260
16	Dº frais de voyage à Angers....................... ..	12 »				214	26
17	Dº à la compagnie la Br tague, pour assurance.............	14 90				213	32
Août..... 3	Dº à Dugué, avoué à Angers, frais, affaire Bordillon........	271 »				196	531
3	Dº à Bray de la Valette, pour achat d'établi et de cheminée....	84 »				196	165
8	Dº frais de voyage à Angers, affaire Bordillon.............	20 »				191	38
Septembre 19	Dº frais de voyage à Angers, pour la même cause.............	12 »				149	18
Octobre.. 11	Dº frais de voyage à Angers, même cause.............	23 »				127	29
29	Dº à Bernard, pour six mois d'intérêts....................	250 »				109	273
29	Dº à Bousquet, pour un semestre d'intérêts..............	250 »				109	273
Décembre. 10	Dº à Marchand, plâtrier, pour réparations maison rue Deshoulières........................	4 »				67	3
17	Dº à Grimadot, pour carreaux de vitres...................	» 50				60	»
17	Dº pour solde des contributions de 1850...............	104 61				60	63
1851. 29	Dº à Dugué, avoué à Angers, frais de la faillite T. Bordillon..	226 37				48	108
Février... 7	Dº voyage à Rennes, affaire de la dissolution de la société....	65 »				8	5
8	Dº affranchissement de lettres pour Mº Grivart...............	1 »				7	»
11	Dº à Soudée, pour solde des travaux dirigés par lui, pour compte de la société........................		220 »			4	9
15	Dº à Bousquet, pour moitié de semestre d'intérêts omis à la date du 1er juin 1847........................	125 »				1354	1693
15	Dº à Bousquet, pour moitié d'un semestre d'intérêts omis à la date du 25 octobre 1847........................	125 »				1208	1510
15	Dº à Bousquet, pour moitié d'un semestre d'intérêts omis à la date du 15 octobre 1848..	125 »				853	1066
	Montant des frais généraux, 2,882 fr. 18 c. ; montant des travaux, 42,739 fr. 77 c., ci...............................	2882 18	42739 77	11348 10	36560 44		339088

DATES.	RECETTES.		FRAIS GÉNÉRAUX.	TRAVAUX.	COMMISSION.	INTÉRÊTS.	JOURS.	NOMBRES.
1850.	Report....................		2852 18	42739 77	11348 10	36560 44		»
Mai...... 10	Reçu pour délégation sur la créance Boujard........	725 »					281	2037
13	D° pour délégation sur la créance Vannier........	7056 »					278	19616
16	D° pour délégation sur la créance Guicheteau.....	3000 »					275	8250
Juin..... 1	D° de Guicheteau, principal de son acquisition....	2000 »					259	5180
Août...... 27	D° de Cardinal frères, pour solde de leur acquisition.	3500 »					172	6192
	Ventes et délégations...........	16381 »						
	Revenus et produits.							
Février... 22	D° de Cardinal, pour vente de chaux et de moëllons.	765 »					358	2739
Mars..... 6	D° de Vannier, pour intérêts....................	259 20					346	931
16	D° de Mme Pipeau, pour vente de moëllons et sable.	410 »					336	1378
17	D° de Guicheteau, pour vente de moëllons........	130 »					335	436
Mai...... 17	D° de Guicheteau, pour loyer d'une case.........	35 »					274	96
25	D° de Lotz, à valoir aux intérêts de son acquisition.	1500 »					266	3990
Juin..... 1	D° de Guicheteau, pour intérêts.................	104 17					259	269
9	D° de Chénel, pour loyers et réparations, maison rue Deshoulières........................	395 »					251	991
Juillet.... 12	D° de Grand-Jouan, pour loyer de pâturage......	300 »					218	654
Août..... 13	D° de Terrole et Vannier pour intérêts...........	176 40					186	327
27	D° de Cardinal frères, pour intérêts.............	190 »					172	327
Octobre.. 28	D° de Rose et du pharmacien, location de la maison rue Deshoulières...................	30 »					110	33
Novembre. 28	D° pour vente de bois de démolition.............	60 »					79	47
Décembre. 12	D° de Deniau, pour loyer, maison rue Deshoulières.	15 »					65	10
1851 Janv. 4	D° de Grand-Jouan, pour loyer de pâturage......	300 »					44	132
24	D° de divers, pour loyer, maison rue Deshoulières..	85 »					22	19
Février... 11	D° pour vente faite à Gaillard d'un reste de plomb par l'entremise de M. Soudée...............	418 26					4	17
	Montant des recettes, 21,564 fr. 03 c., ci...	21564 03						
								53671
	Le montant des recettes est de.....................	21564 03						
	Celui des frais généraux est de....................	2882 18						
	Celui des travaux est de..........................	912 66						
	Soit ensemble.........	25358 87						
	Sur lesquels il revient aux gérants une commission de 4 %, soit...........................	....			1014 35			
	Les nombres du débit étant de....................	339088 »						
	Ceux du crédit sont de...........................	53671 »						
	Il en résulte une balance de..........	285417 »						
	Qui, à 5 %, donne en intérêts..............	....				4756 95		
	Report des intérêts sur les 180,000 fr.............	82193 46						
	Intérêts d'un an sur ce solde, à 5 %.............	4109 67						
	Intérêts d'un an sur 130,000 fr. à 5 %...........	6500 »						
	Intérêts d'un an sur 50,000 fr. à 5 %............	2500 »						
	Ensemble..................	95303 13						
	A reporter...........		2882 18	42739 77	12362 45	41317 39		

DATES.	RECETTES.	FRAIS GÉNÉRAUX.	TRAVAUX.	COMMISSIONS.	INTÉRÊTS.	JOURS.	NOMBRES.
	Report...............	2882 18	42739 77	12362 45	41317 39		
	Imputable dans la proportion suivante :						
	130/180ᵉ aux 130,000 fr...............................				68830 04		
	50/180ᵉ aux 50,000 fr...............................				26473 09		
	Les recettes étant de 21,564 fr. 03 c., doivent absorber les frais généraux montant à 2,882 fr. 18 c.; et, avec le solde de 18,681 fr. 85 c., diminuer d'autant le compte des travaux................	2882 18	18681 85				
	Et il reste dû, aux travaux, 24,057 fr. 92 c.; aux commissions, 12,362 fr. 45 c.; aux intérêts, 136,620 fr. 52 c.; soit ensemble, 173,040 fr. 89 c., à la valeur du 15 février 1851................	» »	24057 92	12362 45	136620 52		

Sur le compte de cette neuvième année, MM. G. Bordillon et consorts rejettent dans leurs contredits :

1° 40 fr. » c. pour frais de voyage à Angers et à Saumur ;

2° 200 » paiement à Prou, avocat, à Angers ;

3° 121 » paiement à Marais, huissier, à Angers ;

4° 12 » pour frais de voyage à Angers ;

5° 271 » paiement à Dugué, avoué, à Angers ;

6° 20 » pour frais de voyage à Angers ;

7° 12 » pour frais de voyage à Angers ;

8° 23 » pour frais de voyage à Angers ;

9° 42 50 pour frais de voyage à Angers et à Rennes ;

10° 226 37 paiement à Dugué, avoué, à Angers ;

11° 44 60 paiement à Simon, avoué, pour frais de radiation ;

12° 65 » frais de voyage à Rennes, affaire de la dissolution de la Société ;

13° 1 » pour affranchissement de lettres pour Grivart ;

14° 90 » sur les 220 fr. payés à Soudée ;

15° 355 fr. » c. paiement à Hommaye, avoué, à Rennes, affaire
de la sentence arbitrale ;

16° 75 » payés à Lahardrouyère, avoué, à Rennes, affaire
de la sentence arbitrale.

En outre, ils déclassent pour les porter du compte travaux à
celui de frais généraux :

1° 192 fr. 66 c. paiement à Dugoût pour travaux au pont
Blanchard ;

2° 84 » paiement à Bray de la Valette, pour achat d'établi et de cheminée ;

3° 104 17 intérêts Guicheteau, pour les porter des recettes sur ventes et délégations aux revenus et
produits.

Nous avons rejeté du compte la neuvième somme de 42 fr.
50 c. pour frais de voyage à Angers et à Rennes. Ce voyage
était relatif à l'appel de la sentence arbitrale de 1847, qui a été
confirmée, et ces frais doivent rester à la charge de M. Arnous-
Rivière.

Nous avons rejeté la onzième somme de 44 fr. 60 c. payée à
Simon, avoué, pour frais de radiation d'hypothèque : il s'agissait de l'affaire Fontenilliat ; donc, par suite du traité du
24 mai 1843, les frais regardent personnellement MM. Arnous-
Rivière et Carié.

Nous avons rejeté également la quinzième somme de 355 fr.
et la seizième de 75 fr. payées à Hommaye et Lahardrouyère,
avoués, à Rennes, pour frais dans l'affaire de la sentence
arbitrale ; dès le 22 juillet 1852, M. Arnous-Rivière avait reconnu

que ces paiements ne devaient pas figurer au compte, puisqu'ils avaient été laissés à sa charge.

Nous avons admis les huit premières sommes. Ce sont des frais de voyage à Angers, des paiements à Prou, avocat, à Marais, huissier, et à Dugué, avoué à Angers.

Tous ces frais sont relatifs à la faillite de M. Théodore Bordillon et à l'annulation du concordat.

Ils sont critiqués et rejetés dans les contredits :

1° Parce que M. Arnous-Rivière n'était créancier de M. Théodore Bordillon qu'en sa qualité de gérant de la Société des Docks et Bassins, et qu'il n'aurait poursuivi la mise en faillite que pour obtenir la dissolution de la Société.

2° Parce que le jugement du Tribunal de commerce de Nantes, en date du 11 juillet 1849, qui constitue M. Théodore Bordillon débiteur de la Société, aurait été mal rendu, celui-ci ayant fait plus de travaux qu'il n'en a été mentionné, et que c'est par une erreur de procédure que le syndic n'en a pas appelé dans le délai de la loi.

3° Parce que M. Arnous-Rivière aurait présenté la créance de la Société comme chirographaire, et que, dans certains documents, il prétendrait la produire comme privilégiée.

Ces objections ne nous ont pas paru sérieuses. En effet, comme gérant, M. Arnous-Rivière avait le droit de poursuivre la rentrée de la créance de la Société par toutes les voies légales, et, après la mise en faillite, de s'opposer au concordat, si ce concordat ne lui paraissait ni satisfaisant, ni exécutable.

Quant à la créance elle-même, il y a depuis longtemps chose jugée à cet égard par le jugement du Tribunal de commerce de Nantes, devenu définitif et par son admission au passif de la faillite ; enfin, si M. Arnous Rivière, en sa qualité de gérant, admis comme créancier chirographaire, se croit des droits à rendre la créance privilégiée, ce ne peut être de sa part qu'une prétention sur laquelle la justice prononcerait si elle en était saisie.

Nous avons admis la dixième somme de 226 fr. 37 c. payée à Dugué, avoué, à Angers.

Ce sont les frais d'un arrêt de la Cour d'Angers, relatif à un incident de la faillite, et dont le gérant doit être remboursé par la Société, par les mêmes motifs que ceux exprimés ci-dessus.

Nous avons admis la douzième somme de 65 fr. et la treizième de 1 fr. pour les frais de voyage à Rennes et port de lettre dans la dernière affaire de dissolution de Société.

Ces deux sommes ne sont rejetées dans les contredits que parce que, selon MM. Bordillon et consorts, la demande de dissolution aurait été faite par M. Arnous-Rivière, en nom personnel, et non point comme gérant, et qu'à Rennes il n'aurait point fait constater son voyage par un acte de greffe et requis ainsi la taxe en temps opportun.

Mais, en lisant l'arrêt du 12 février 1851, on voit qu'il est rendu entre divers actionnaires appelants et le sieur William Arnous-Rivière, propriétaire, Administrateur de la Société civile des Docks et Bassins du port de Nantes, intimé ; que c'est donc comme gérant qu'il a agi, et, qu'en cette qualité, ses frais de voyage, du moment qu'il n'y a pas de doute sur la réalité de la dépense, doivent lui être remboursés, sans qu'il soit besoin de la formalité de l'acte du greffe, l'arrêt n'ayant pu être d'ailleurs rendu par la justice que dans l'intérêt de la Société.

M⁰ TRÉMANT n'a pas admis dans son compte ces diverses sommes; mais il ne les a rejetées que provisoirement, en réservant à M. Arnous-Rivière de les produire plus tard. Nous avons pensé que toutes ces dépenses étant certaines, il fallait les maintenir au compte de gestion, sans attendre davantage.

Nous avons admis la quatorzième somme de 90 fr. ou plutôt dans son entier celle de 220 fr., montant d'une note de M. Soudée, en date du 11 février 1851. La partie de cette note, montant à 90 fr., est rejetée dans les contredits, parce que le travail qu'elle rémunère, aurait, en réalité, été fait pour le compte de l'État.

Il s'agissait de la rédaction d'un projet de pont-levis, montant à 22,000 fr. Ce pont-levis devait, en effet, être fait sur des terrains devenus depuis la propriété de l'État. Mais au moment où le travail était fait (novembre 1847), ainsi que l'indique la quittance, les terrains n'avaient pas encore été cédés.

Les contredits ajoutent que M. Soudée n'aurait pas été, pour cette somme, payé en argent, mais bien avec du plomb, qui avait coûté à la Société 1,584 fr. 64 c., et qu'on lui aurait livré pour la somme de 418 fr. 26 c.

Il n'en est pas ainsi. Il avait été employé une certaine quantité de tuyaux de plomb comme accessoires à la machine d'épuisement fournie par M. Lotz. Mais quand la machine fut démontée, ces tuyaux devinrent sans objet : on ne put pas les retirer tous du bassin où ils étaient enfouis. On n'en a retiré qu'une partie, le reste étant resté sous l'eau ou ayant été volé.

C'est, en effet, M. Soudée qui a pu trouver un acquéreur pour ces restes de plomb, soit environ 900 kilos vendus à raison de 46 c. le kilo, et livrés par M. Arnous-Rivière, qui en a reçu le prix, au sieur Gaillard, de la commune de Bazoges en Paillers, département de la Vendée, suivant la note qui se trouve au dossier.

Nous avons porté ces 220 fr. ainsi que les 500 fr. payés le 16 février 1850, aux travaux et non aux frais généraux, parce que les 1,500 payés à M. Soudée, pour pareil travail, le 16 mai 1846 et le 10 avril 1848, l'ont été à ce premier compte.

Nous avons porté aux frais généraux le paiement de 84 fr. fait à Bray de la Valette, et nous avons maintenu aux travaux les 192 fr. 66 c. de réparations au pont Blanchard, qui nous ont semblé appartenir plus directement à ce compte. Enfin, nous avons retiré des recettes sur ventes et délégations, pour les porter aux revenus et produits, les 104 fr. 17 c. d'intérêts reçus de Guicheteau, en faisant toutefois remarquer qu'en fait ces divers déclassements sont sans importance et n'influent en rien sur l'économie et le résultat du compte.

Nous avons ajouté aux frais généraux 125 fr. pour un demi semestre d'intérêts Bousquet, oublié à sa date du 15 octobre 1848, et payé par la liquidation Carié.

Nous n'avons point, dans le cours de notre travail, mentionné les contredits faits par les actionnaires sur les recettes, parce que ces contredits ne sont pas précis ; qu'en fait, les recettes nous ont semblé suffisamment justifiées, et qu'en principe, si le rendant compte doit la justification de l'article dépenses, c'est à l'ayant compte qu'il appartient surtout, quand les livres ont été à sa disposition, de prouver que les recettes n'ont pas été portées en leur entier.

Il résulte du compte ci-dessous qu'il reste dû aux travaux . . . . 24,057 fr. 92 c.
Aux commissions 12,362   45
Aux intérêts 136,620   52

De sorte que le compte monte ensemble à la somme totale de. . . . . 173,040 fr. 89 c.

Le compte fourni par M. Arnous-Rivière présentait un solde de . . . . 201,111 fr. 88 c.
C'est une différence en moins de 28,070   99

173,040 fr. 89 c.

qui provient de la manière de calculer les intérêts, des erreurs commises sur le prélèvement des commissions et des différentes sommes rejetées sur lesquelles nous nous sommes expliqué en établissant le compte.

Le compte de Mᵉ TRÉMANT présentait un solde de . . . . 163,223 fr. 40 c.
C'est une différence en plus de 9,817   49

173,040 fr. 89 c.

qui provient des intérêts composés, qui n'avaient pas été admis par Mᵉ TRÉMANT, sous la déduction de diverses sommes sur l'admission desquelles nous n'avons pas été du même avis que lui, et de l'omission d'une somme de 16,485 fr. 17 c. sur les recettes.

Dans le cours de l'établissement du compte, nous avons expliqué ces différences, sur lesquelles nous croyons inutile de revenir ici.

Il résulte encore de ces comptes, qu'au 15 février 1851 , il était dû par la Société :

1° Aux gérants, MM. W. Arnous-Rivière et Carié, dans des proportions que nous n'avons pas à déterminer ici.

Pour solde à découvert sur les travaux. . . . 24,057 fr. 92 c.

2° Aux mêmes, pour leur créance de. . . . 150,000 »

3° A MM. Taillet et Bordillon , pour leur créance de. 50,000 »

4° Aux gérants, pour leurs commissions . . . 12,362 45

5° Aux mêmes, pour intérêts sur leurs avances. 41,317 39

6° Aux mêmes, pour intérêts sur leur créance de 150,000 fr. 68,830 04

. 7° A MM. Taillet et Bordillon, pour intérêts sur leur créance de 50,000 fr. 26,473 09

Soit ensemble. . . . . 353,040 fr. 89 c.

Payables dans l'ordre indiqué ci-dessus, sauf pour les intérêts, ensemble 136,620 fr. 52 c., qui sont payables après les trois capitaux et les commissions, au marc le franc et sans préférence.

Pour répondre à la deuxième demande du Tribunal, nous avons eu à rechercher quels étaient les travaux prévus et spécifiés pour la mise en valeur industrielle des terrains, et nous avons trouvé que ces travaux se composaient de :

1° 150,000 fr. prévus dans l'acte de Société et qui devaient, dans le principe, comprendre toutes les dépenses nécessaires à ce forfait de la part des entrepreneurs originaires Chaley et Bordillon.

2° Une somme indéterminée , mais que, dans la délibération du 22 janvier 1844, on estime provisoirement à 100,000 fr. pour parfaire les travaux.

Cette somme, à laquelle MM. Taillet et Bordillon devaient, par suite de l'inexécution de leurs premiers engagements, contribuer pour les deux tiers et la Société pour un tiers, était la même que M. Soudée évaluait à 224,839 fr. 17 c. pour l'achèvement de ces mêmes travaux, en sus de ce qui avait déjà été dépensé.

3° Une somme indéterminée votée dans l'assemblée extraordinaire des 30 et 31 mai 1844, pour des travaux de défense et de perré, laquelle somme devait être remboursée aux gérants par les associés un mois après la demande qui en serait faite.

Pour préciser les sommes employées en travaux, nous n'avons eu qu'à revoir le compte que nous avons établi ci-dessus, et nous avons trouvé qu'il avait été dépensé :

Du 11 juin 1842 au 10 février 1843. . . .	75,945 fr. 08 c.
Du 4 mars 1843 au 3 février 1844. . . .	23,245 97
Du 16 février 1844 au 5 février 1845. . . .	92,640 68
Du 8 mars au 26 décembre 1845, les 13 et 4 novembre même année.	20,772 27
Le 16 mai 1846.	1,000 »
Du 15 mars 1847 au 10 février 1848. . . .	272 07
Du 24 février au 26 décembre 1848	857 08
Du 16 février 1850 au 11 février 1851. . .	912 66
Soit ensemble.	215,645 fr. 81 c.

Pour constater l'origine de cette somme, déterminer ce qu'ont fourni ou procuré MM. Arnous-Rivière et Carié, et à quelle époque ont commencé et fini leurs versements, nous voyons, en dépouillant le compte que nous venons d'établir, que MM. Arnous-Rivière et Carié avaient, du 11 juin 1842 au 10 février 1843, fourni ou

procuré . . . . 75,943 fr. 08 c.
Du 4 mars 1843 au 3 février 1844. 23,245   97

        Ensemble . . . . . . 99,191 fr. 05 c.

Le 29 février 1844, par suite de la délibération du 22 janvier précédent, ils reçoivent de
MM. Chaley, Taillet et Bordillon frères, tant
comme entrepreneurs que comme actionnaires. 57,428   37

        Il reste. . . . . . . 41,762 fr. 68 c.
Ils versent eux-mêmes à titre d'actionnaires. . 16,666   66

        Il reste un solde de. . . . . . 25,096 fr. 02 c.
Du 16 février 1844 au 5 février 1845, ils
fournissent ou procurent 92,640   68

        Ensemble. . . . . . . 117,736 fr. 70 c.
Du 8 mars au 26 décembre 1845, ils fournis-
sent ou procurent 20,772   27

        Ensemble. . . . . . . 138,508 fr. 97 c.
En 1846, 1847 et 1848, ils fournissent ou
procurent. 2,129   15

        Ensemble. . . . . . . 140,638 fr. 12 c.
En novembre et décembre 1848 et mai et
juin 1849, ils touchent des actionnaires autres
qu'eux-mêmes 26,788 fr. 30 c., ci. 26,788   30

        Il reste. . . . . . . 113,849 fr. 82 c.
Ils avaient payé eux-mêmes à titre d'action-
naires. . . . . 18,086 fr. 85 c.

        Il reste . . . . 95,762 fr. 97 c.
En 1850 et 1851, ils fournissent ou procurent. 912   66

        Soit ensemble. . . . 96,675 fr. 63 c.

Il résulte de ce qui précède qu'au 3 février 1844, MM. Arnous-Rivière et Carié avaient fourni ou procuré comme gérants 99,191 fr. 05 c.; qu'au 5 février 1845, ils avaient fourni ou procuré comme gérants 117,736 fr. 10 c., si on y ajoute les 16,666 fr. 66 c. versés par eux comme Sociétaires, on trouve qu'au double titre de Sociétaires et de gérants, ils ont fourni ou procuré 134,403 fr. 36 c.; qu'au 26 décembre 1845, ils avaient fourni ou procuré comme gérants 138,508 fr. 97 c., et au double titre de gérants et de Sociétaires 155,175 fr. 63 c.; qu'à la fin de 1848, ils se trouvèrent avoir fourni ou procuré comme gérants 140,638 fr. 12 c., et au double titre de gérants et de Sociétaires 157,304 fr. 78 c.; qu'en 1851, par suite du versement des Sociétaires, ils se trouvaient n'avoir plus fourni ou procuré comme gérants que 96,675 fr. 63 c., et en y ajoutant les deux sommes versées par eux de 16,666 fr. 66 c. et de 18,086 fr. 85 c., 131,429 fr. 14 c., au double titre de gérants et de Sociétaires.

De ce qui précède, il résulte encore que leurs versements ont commencé le 11 juin 1842, et qu'on peut considérer qu'ils ont fini, pour les travaux, le 26 décembre 1845; puis, qu'à partir de cette dernière époque, il n'a plus été dépensé à ce chapitre que 3,041 fr. 81 c. en 1846, 1847, 1848, 1850 et 1851.

La troisième demande du Tribunal se trouve en partie répondue par ce qui vient d'être dit sur la seconde. En effet, il n'y a eu, en réalité, d'entrepris, que deux sortes de travaux : les premiers, qui avaient pour but la mise en valeur industrielle des terrains, lesquels devaient d'abord et à forfait coûter 150,000 fr., et qui, d'après la délibération du 22 janvier 1844, ont été reconnus devoir coûter une somme bien plus importante; et les seconds, dits de défense et de perré, qui avaient été votés dans l'assemblée extraordinaire des 30 et 31 mai 1844, dont le montant devait être remboursé par les Sociétaires aux gérants un mois après que ceux-ci en auraient fait la demande.

Il a été dépensé, pour ces derniers travaux, une somme de . . . . 47,613 fr. 86 c.

De sorte que, pour les premiers, la somme dépensée a été de 168,031   95

Total égal au montant général des travaux. . 215,645 fr. 81 c.

Ces 47,613 fr. 86 c., joints à une autre somme de 2,280 fr. 86 c., dépensée pour réparation à la maison rue Deshoulières, forment les 49,894 fr. 72 c. qui ont fait l'objet de l'appel de fonds aux termes des conventions des 30 et 31 mai 1844, et qui n'a été rendu exigible que le 7 février 1848, par jugement du Tribunal civil de Nantes, sur cette somme de. . 49,894 fr. 72 c.

Il a été reçu par les gérants , d'eux-mêmes comme Sociétaires 18,086   85

Il restait à payer par les autres Sociétaires. . 31,807   87
Mais les gérants n'ont pu toucher que 26,788   30

Le solde de. . . . . . . 5,019 fr. 57 c.

n'ayant pu être payé par M. Théodore Bordillon à la faillite duquel la Société est créancière.

Les deux sommes de 18,086 fr. 85 c. versées par les gérants eux-mêmes comme Sociétaires , et de 26,788 fr. 30 c. versées par les autres Sociétaires , soit ensemble 44,875 fr. 15 c., ont eu pour destination, ainsi que cela résulte du compte général,

14

le paiement ou plutôt le remboursement des travaux qu'elles étaient, dès le principe, destinées à solder, puisque, par le fait de ces versements, le chapitre des travaux se trouve diminué d'autant.

———————

Nous croyons avoir répondu aux demandes qui nous sont faites dans le jugement du 29 novembre 1853, et dans l'arrêt du 11 juillet 1854, et nous pourrions, dès ici, clore notre procès-verbal.

Mais les conclusions de M. de la Touche, du 20 janvier 1856, auxquelles ont adhéré M. Taillet et M. de Baër, et celles de M. Delalande, du 12 février 1856, indépendamment de la question d'intérêts composés sur laquelle nous avons donné notre avis, tendent à ce que nous nous expliquions sur deux autres faits, et nous portent en même temps à émettre une opinion sur la question de dommages-intérêts qui nous a semblé impliquée dans ces conclusions.

Cette opinion ne nous est pas demandée par les jugements et arrêt; mais nous avons cru devoir en parler, pour compléter notre travail et notre pensée sur l'ensemble de l'affaire.

M. de la Touche conclut à l'appréciation par nous de ce fait, que la créance de MM. Taillet et Th. Bordillon sur la Société dont partie lui a été donnée en nantissement par MM. Th. Bordillon, au lieu de présenter sur les livres un crédit, présente au contraire un débit de 17,958 fr. 55 c.

Il suffit, pour s'expliquer cette anomalie, d'examiner les comptes ouverts au grand livre, f°s 2 et 68, et on y voit que MM. Chaley et Bordillon, après avoir été crédités de 130,000 fr. et de

50,000 fr., montant de la somme dont les terrains qu'ils apportaient en Société étaient grevés, et de celle à laquelle ils avaient estimé leurs travaux avant l'association, n'étaient, sur ces deux capitaux, crédités d'aucun intérêt, par suite de la décision de M. Besnard de la Giraudais, en date du 12 avril 1843, et copiée au f° 8 du registre des délibérations.

Dans le système des livres qui sont clairement tenus, mais qui étaient établis avant la sentence arbitrale des 23 avril 1847 et de l'arrêt confirmatif du 7 avril 1851, c'étaient MM. Chaley et Bordillon qui, ainsi que nous l'avons déjà dit, payaient les 130,000 fr.

Au fur et à mesure de l'acquittement de cette somme, ils en étaient débités avec intérêts. Ces intérêts, dont ils étaient débités sans en recevoir crédit, se sont élevés à 67,958 fr. 55 c., somme analogue à celle que nous avons trouvée nous-même. Or, comme indépendamment des 130,000 fr., ils avaient été crédités de leur créance de 50,000 fr., ce débit pour les intérêts se trouve réduit à 17,958 fr. 55 c. L'anomalie n'est donc qu'apparente et provient seulement de ce que, par suite de la décision du 12 avril 1843, le compte Chaley et Bordillon n'a pas été crédité d'intérêts ; qu'enfin de compte et de liquidation, il eût bienfallu lui en attribuer sur chacun des deux capitaux.

Cette explication donnée, nous faisons remarquer que ce ne sont plus les livres, mais le compte rendu qu'il s'agit de juger.

M. Delalande demande aussi l'admission dans le compte, en déduction des travaux, d'une somme de 2,227 fr., reçue de Bray de la Valette pour vente du matériel de MM. Taillet et Bordillon. Cette somme a été effectivement reçue par M. Arnous-Rivière, mais seulement le 14 *mars* 1851 ; le compte en discussion étant arrêté au 15 février 1851, ne pouvait donc pas la comprendre, et elle devra figurer dans celui que M. Arnous-Rivière aura à rendre comme liquidateur.

Voici maintenant notre appréciation sur la question des dommages et intérêts.

D'après l'acte de Société des 25 et 27 mai 1842, l'apport de MM. Arnous-Rivière et Carié était de 150,000 fr., qu'ils devaient fournir ou procurer au fur et à mesure des besoins de la Société.

Dès le 27 mai 1842, M. Arnous-Rivière versait en espèces 11,000 fr. Le 13 juin 1842, il versait 35,000 fr., et le 29 novembre de la même année, il versait encore 100,000 fr., soit ensemble 146,000 fr., sur lesquels il retirait 14,200 fr.

Ses versements de 1842, grand livre, f° 4, sont donc effectivement de 131,800 fr.

Les gérants devaient fournir ou procurer 150,000 fr., et tant à raison des paiements auxquels ils ont été soumis par suite de cette obligation, que de ceux qui leur ont été imposés par le traité du 24 mai 1843, dans lequel ils agissaient à la vérité en leur nom personnel; mais, en définitive pourtant, à raison de la Société, ils sont encore au 15 février 1851 créanciers pour solde de travaux de . . . . 24,057 fr. 92 c.

Pour remboursement du prix dû sur les terrains par MM. Chaley et Bordillon de. . . . . . 130,000 »

Pour intérêts de. 110,147 43

              Ensemble. . . . . . . 264,205 fr. 35 c.

Auxquels il faut ajouter leurs versements comme Sociétaires aux appels de fonds. . . . 34,753 51

Ce qui constitue, en avances, en capital et intérêts, une somme totale de . . . . 298,958 fr. 86 c.

Non comprise encore la commission qui leur était allouée pour la rémunération de leurs peines et soins, et leurs frais d'employés.

D'après l'acte de Société, article 5, tous les travaux de mise en valeur industrielle des terrains devaient coûter 150,000 fr. et étaient entrepris à forfait par MM. Chaley et Bordillon, à la disposition desquels cette somme devait être mise à mesure de l'avancement des travaux, sous la déduction d'un dixième de garantie.

Ces travaux devaient être terminés le 24 juin 1844, et les deux tiers au moins faits le 24 juin 1843.

Ces deux clauses nous ont paru être une des conditions essentielles de l'association, et, dans notre pensée, c'est leur inexécution qui a donné lieu à toutes les perturbations de la Société.

En effet, que tous les travaux aient été achevés le 24 juin 1844, pour la somme prévue de 150,000 fr., le but de la Société était rempli ; l'affaire était bonne ou mauvaise, mais il n'y avait pas de cause de dissension, et la somme eût été certainement fournie ou procurée sans conteste, puisque déjà, et dès la fin de 1842, M. Arnous-Rivière avait versé plus de 130,000 fr.

Mais, malheureusement, les entrepreneurs Chaley et Bordillon s'étaient évidemment trompés sur la quantité et le prix des travaux à exécuter. La Société, qui pouvait poursuivre contre eux l'exécution de leur engagement, les a exonérés de leur faute, dans l'assemblée du 22 janvier 1844 ; mais on se demande comment cette faute pourrait, aujourd'hui, tourner contre les gérants.

Au 24 juin 1843, les deux tiers des travaux devaient être exécutés, et il devait, en conséquence, être dépensé 100,000 fr.

En additionnant sur le compte établi ci-dessus le compte des travaux jusqu'au 10 juin 1843, on trouve qu'il avait été dépensé et fourni ou procuré, 96,373 fr. 77 c., et si on y ajoute le dixième de garantie qui devait être retenu, soit 9,637 fr. 37 c., on trouve 106,011 fr. 14 c., c'est-à-dire une somme supérieure à celle qui devait être nécessaire pour le paiement de ces deux tiers des travaux.

L'obligation des gérants était donc à cette époque parfaitement remplie.

Ils l'avaient même dépassée, puisqu'il est constaté et reconnu, dans la délibération du 24 mai 1843, qu'il a été versé aux entrepreneurs 20,000 fr. en plus de l'avancement des travaux.

Mais au moins les deux tiers de ces travaux étaient-ils exécutés? Non.

Dans l'assemblée du 22 novembre 1843, les Administrateurs sont obligés d'exposer que la situation des travaux de la Compagnie est déplorable, et que ses intérêts et son crédit sont compromis; que les deux tiers des travaux qui devaient être faits le 24 juin 1843, ne l'étaient pas encore, bien qu'il eût été compté une somme de 98,490 fr. 98 c., et que les entrepreneurs eussent été mis en demeure.

Ils sont obligés de demander, ce qui leur est accordé par l'assemblée, de mettre les entrepreneurs judiciairement en demeure de remplir leurs obligations.

En présence de ces faits, peut-on accuser les gérants d'avoir failli à leur mandat ?

Puis vient l'assemblée du 22 janvier 1844, où l'on voit que les Administrateurs ont commencé les poursuites convenues contre les entrepreneurs, mais que des propositions de transaction ont été faites et acceptées.

C'est alors qu'on s'assure que les entrepreneurs Chaley et Bordillon se sont trompés en prenant dans l'acte social l'engagement de parfaire les travaux, pour 150,000 fr. ; puisque, d'après un travail de M. Soudée, il faut, pour leur achèvement, en sus de ce qui a été dépensé, une somme de 224,839 fr. 17 c.

Les décisions prises dans cette assemblée nous ont semblé le renversement du pacte social, quant à ses principales dispositions.

En effet, ce ne sont plus 150,000 fr. à fournir ou procurer par les gérants pour l'achèvement des travaux, c'est une somme devenue indéterminée, évaluée par M. Soudée, en sus des travaux déjà faits, à 224,000 fr., et que la Société tentera de faire exécuter pour 150,000 fr. Puis, on entre dans la voie des appels de fonds et des contributions par action.

Est-ce là l'esprit de l'acte social ?

Les conditions de la gérance sont-elles les mêmes ?

Les obligations des gérants n'ont-elles pas changé ?

Mais enfin, M. Théodore Bordillon devient entrepreneur des nouveaux travaux. Ces travaux vont-ils marcher, seront-ils au moins ceux-là exécutés dans les délais voulus ?

Malheureusement, non.

Dans l'assemblée du 17 juillet 1844, on voit que les travaux sont encore en retard, et que les Administrateurs devront s'occuper de trouver un autre entrepreneur à leur choix.

Dans celle du 4 novembre 1844, réunie exprès pour cet objet; on voit également qu'on examine la question de savoir s'il y a lieu de prononcer la déchéance de M. Théodore Bordillon, comme entrepreneur, et qu'il est tardé à statuer jusqu'à la solution d'un arbitrage pendant entre les parties.

Enfin, le 14 mars 1845, les arbitres jugent que M. Théodore Bordillon cesse d'être entrepreneur, et les travaux sont en régie.

Ne suit-il pas de là que si tous les travaux de mise en valeur n'ont pas été faits, on ne peut l'imputer qu'à la gérance, qui faisait, au contraire, tout pour les activer; et si elle se trouve en dernière analyse n'avoir fourni ou procuré que 96,675 fr. 63 c. et avec les versements comme actionnaires 131,429 fr. 14 c., c'est que les travaux étaient entravés par les entrepreneurs qui n'ont pas manqué d'argent, puisqu'au contraire, M. Théodore Bordillon est, suivant jugement du Tribunal de commerce de Nantes, en date du 11 juillet 1849, resté débiteur pour cet objet de 45,016 fr. 93 c. envers la Société, qui a été admise au passif de sa faillite pour la somme totale de 58,394 fr. 94 c.

En 1845, lors de la cessation de paiement de M. Carié, les travaux ont été discontinués.

On en fait un grief à M. Arnous-Rivière; mais, dans l'état, pouvaient-ils être continués?

Au 26 décembre 1845, les gérants avaient fourni ou procuré 138,508 fr. 97 c., comme gérants et au double titre de gérants et de Sociétaires 155,175 fr. 63 c.

. Ils pouvaient donc considérer leurs obligations comme remplies.

Puis, depuis le 22 janvier 1844, on était entré dans la voie des appels de fonds et on était plus fixé sur l'importance pécuniaire des travaux à exécuter; ce n'était plus 150,000 fr. à forfait, mais une somme indéterminée.

Il fallait donc demander de l'argent aux Sociétaires; c'est ce qu'a fait M. Arnous-Rivière, notamment le 20 août 1845.

Mais cet argent ne lui a pas été donné, et ce n'est même qu'en 1848 et 1849 qu'il a pu rentrer dans les avances autorisées par les délibérations des 30 et 31 mai 1844.

On semble aussi faire un grief à M. Arnous-Rivière de la grande valeur qu'il donnait à la propriété sociale avant 1845.

Nous ne savons pas quelle valeur réelle ont pu jamais avoir ces terrains, mais les illusions de M. Arnous-Rivière n'étaient-elles pas partagées par tous les Sociétaires, quand le 8 mai 1843, ils donnaient aux terrains et bassins une valeur de 1,700,000 fr.!

Quand aujourd'hui même le prix de vente est fixé, par délibération du 5 mars 1847, à 20 fr. le mètre !

Ces prix étaient des illusions, comme on voit tant de personnes s'en faire dans l'industrie, et parce que ce sont des illusions, elles tombent d'autant plus vite devant la réalité.

Et c'est ce qui a dû arriver pour M. Arnous-Rivière en 1845, quand les travaux encore inachevés et mis en régie, il ne savait plus à quelle somme ils pourraient monter, que les Sociétaires lui

refusaient une contribution, et que M. Carié, dont il était solidairement responsable à son titre de gérant, mais non comme
possesseur d'actions, se trouvait dans une position à faire
craindre qu'il ne pût satisfaire aux appels qui pourraient devenir
indispensables.

Quant aux divers procès qui, à la même époque, ont eu lieu,
tant avec M. Carié qu'avec divers, et dans lesquels les Sociétaires
ont été mis en cause, on s'explique qu'à cette époque M. Arnous-
Rivière ne fût pas bien fixé, d'après les divers actes intervenus
et les décisions prises en assemblées générales, sur la position
qui lui était faite et qui n'a été légalement définie que par la
sentence de 1847 et l'arrêt de 1851 ; et ces discussions ne nous
ont pas semblé de nature à établir un principe de dommages-
intérêts, lorsque surtout on se rappelle que si l'obligation première prise dans l'acte social par les entrepreneurs de tout faire
pour 150,000 fr. et pour l'époque du 24 juin 1844, avait été
remplie, il ne pouvait y avoir ni discussion ni procès.

Dans le dossier remis par les liquidateurs de la masse Carié,
nous trouvons un traité passé entre eux et MM. Chaley et
Bordillon, le 30 juin 1846, dans lequel on voit que ceux-ci ont
un traité projeté avec M. Arnous-Rivière, et avec les liquidateurs Carié. On stipule que toutes les obligations contractées par
les deux gérants, notamment celle dont était porteur M. J.-C.
Haranchipy, cesseraient d'être pour le compte personnel de
M. Carié, en sa qualité de gérant, et seraient à la charge de la
Société.

Enfin, le 24 novembre 1848, on cède gratuitement à l'État les
Docks et Bassins avec une zone de terrains de douze mètres, et
ce avec l'assentiment de tous les actionnaires et sans protestations ni réserves, relatives à des dommages et intérêts, sur
lesquels il eût été pourtant naturel de s'expliquer.

Car cette cession était pour la Société un acte important, et empêchait entre autres choses l'achèvement des travaux dus à M. Pelloutier, puisque les Bassins étaient désormais la propriété de l'État.

Notre opinion est donc que, comme gérant, M. Arnous-Rivière a rempli ses obligations.

Nous ajoutons que, dans toutes les pièces que nous avons lues pour nous rendre compte de l'affaire en général, avant de procéder à l'établissement du compte de gestion, nous n'avons rien vu qui pût motiver les dommages-intérêts demandés et qui ont été réservés dans l'instance.

Le 11 mars 1856, M. Pacifique Fourcade et M. Gabriel Benoist, liquidateurs de la masse Carié, nous ont fait notifier par acte du ministère de Thomas, huissier à Nantes, une note relative à leur position, vis-à-vis de M. Arnous-Rivière et aux paiements faits par eux pour la Société des Docks et Bassins.

Cette note n'est que le résumé des observations déjà faites par eux devant Me TRÉMANT, et copiées par celui-ci à la suite de son procès-verbal avec la réponse de M. Arnous-Rivière.

Nous n'avons point mission d'apprécier le mérite de ces diverses observations.

Et nous ne pouvons ici que décerner acte aux liquidateurs de de la masse Carié de leur déclaration.

Ainsi fait et clos le présent procès-verbal ;

A l'occasion duquel nous déclarons avoir employé 262 vacations, y compris celle de la prestation de serment et celle du dépôt au greffe ;

A examiner les pièces et documents de l'affaire ;

A entendre les parties dans leurs explications ;

Établir les comptes et rédiger et transcrire le présent.

Nantes, le 7 avril 1856.

Signé A. LEFOULON.

Ensuite est la mention suivante :

Enregistré à Nantes, le 8 avril 1856, f° 10, recto, cases 6ᵉ et 7ᵉ.

Reçu 2 fr. , et pour double décime, 40 c.

Signé CAVÉ.

Extrait du registre des actes de dépôt du Greffe du Tribunal civil de première instance séant à Nantes, quatrième arrondissement du département de la Loire-Inférieure.

Aujourd'hui , 8 avril 1856,

A comparu au Greffe du Tribunal civil de première instance de Nantes, M. Alexandre Lefoulon, arbitre de commerce, demeurant à Nantes, lequel a déposé en ce Greffe, pour y tenir minute, un procès-verbal d'expertise par lui rapporté en exécution de jugement de ce Tribunal, en date du 29 novembre 1853, enregistré, rendu contradictoirement entre M. William Arnous-Rivière, propriétaire, demeurant à Nantes, demandeur ;

ET

PREMIÈREMENT. — M. Grégoire Bordillon, propriétaire, demeurant à Angers.

DEUXIÈMEMENT. — M. Voisin, propriétaire, demeurant à Angers.

TROISIÈMEMENT. — M. G. de Baer, propriétaire, demeurant à Angers.

QUATRIÈMEMENT. — M. Boquet de la Touche, propriétaire, demeurant à Angers.

CINQUIÈMEMENT. — M. Delalande, arbitre de commerce, demeurant à Angers, en sa qualité de syndic de la faillite du sieur Th. Bordillon. Tous défendeurs.

SIXIÈMEMENT. — MM. Pacifique Fourcade et G. Benoist, arbitres de commerce, demeurant séparément à Nantes, agissant en leurs qualités de liquidateurs de la cession de biens Carié, défendeurs.

SEPTIÈMEMENT. — M. Joseph Chaley, ancien ingénieur civil, demeurant à sa terre de Rozières, près Bourgoing, département de l'Isère, agissant tant en privé nom que comme actionnaire de l'ancienne Société dissoute des Docks et Bassins, défendeur.

HUITIÈMEMENT. — M. Vincent Taillet, ingénieur civil, demeurant à Bruxelles, défendeur.

NEUVIÈMEMENT. — M. Anatole Demieulle, propriétaire, demeurant à Angers, défendeur.

Ledit jugement confirmé par arrêt de la Cour impériale de Rennes, le 11 juillet 1854.

Ledit procès-verbal clos à Nantes, le 7 avril 1856, signé dudit expert, et enregistré à Nantes, le 8 avril 1856, f° 10, recto, cases 6° et 7°, par Cavé, qui a reçu 2 fr. 40 c.

Dont acte dressé par le Greffier du Tribunal soussigné.

Signé F ERTAUD.

En marge est la mention suivante.

Enregistré à Nantes, le 25 avril 1856, f° 20, case 4. Reçu 4 fr. 98, dixièmes compris.

Au Greffier, 13 c.

Signé QUÉHAN.

Pour expédition :

Le Greffier du Tribunal,

Signé F. ERTAUD.

Les tableaux contenus en cette expédition sont estimés pour la perception des droits d'enregistrement, valoir 130 rôles.

Le Greffier du Tribunal,

Signé F. ERTAUD.

Enregistré à Nantes, le 28 avril 1856, f° 34, case 5. Reçu 350 fr. 35 c., dixièmes compris, ainsi que le droit de timbre dont il est fait recette n° 1336.

Signé QUÉHAN.

Nantes, Imp. de Mme v^e C. Mellinet.

www.ingramcontent.com/pod-product-compliance
Lightning Source LLC
Chambersburg PA
CBHW061349060726

47597CB00003B/786